Einstein und das Universum

Charles Nordmann war ein französicher Astronom an der Pariser Sternwarte.

Über das Buch:

Einsteins Theorien haben eine tiefgreifende Revolution in der Wissenschaft herbeigeführt. In ihrem Licht erscheint die Welt einfacher, koordinierter, einheitlicher. Wir werden von nun an besser erkennen, wie großartig und kohärent sie ist, wie sie von einer unnachgiebigen Harmonie beherrscht wird. Ein wenig von dem Unaussprechlichen wird uns klarer werden. M. Nordmann hat eine populäre Erläuterung der berühmten Einsteinschen Theorie hingezaubert und das Einsteinsche Prinzip in Worten dargestellt, die den durchschnittlichen Leser über Schwierigkeiten hinweghelfen.

Es ist der Klarheit des französischen Autors in Verbindung mit seiner ihm eigenen Ausdrucksfähigkeit zu verdanken, dass dieses Buch schon bald nach seiner Erstauflage nachgedruckt werden musste und nun auch in einer neuen Übersetzung ins Deutsche vorliegt.

EINSTEIN UND DAS UNIVERSUM

Eine populäre Erläuterung der berühmten Theorie (Neuübersetzung)

Von CHARLES NORDMANN

Astronom an der Pariser Sternwarte.

Mit einem Vorwort des Rt. Hon.
THE VISCOUNT HALDANE, O.M.

Neu-Übersetzung ins Deutsche 2022

ToppBook Wissen Bd. 33

Bibliografische Information der Deutschen Nationalbibliothek:
Die Deutsche Nationalbibliothek verzeichnet diese Publikation in der
Deutschen Nationalbibliografie; detaillierte bibliografische Daten
sind im Internet über dnb.dnb.de abrufbar

Neuübersetzung

Herstellung und Verlag: BoD – Books on Demand, Norderstedt

ISBN: 978-3-7562-3553-7

VORWORT

Eine angesehene deutsche Autorität auf dem Gebiet der mathematischen Physik, die kürzlich über die Relativitätstheorie schrieb, erklärte, dass er das, was er vermitteln wollte, ohne eine einzige mathematische Formel hätte erklären können, wenn seine Verleger bereit gewesen wären, ihm genügend Papier und Druck zu geben. Ein solcher Erfolg ist denkbar. Die mathematischen Methoden bieten jedoch zwei Vorteile. Ihre Terminologie ist präzise und konzentriert, wie es sich die normale Sprache nicht leisten kann. Außerdem haben die Symbole, die sich aus ihrer Verwendung ergeben, Implikationen, die, wenn sie ans Licht gebracht werden, neues Wissen liefern. Dieses Wissen wird zwar deduktiv gewonnen, aber es ist dennoch ein neues Wissen. Mit größerer Präzision als üblich kann die gewöhnliche Sprache dazu gebracht werden, einen Teil, wenn nicht sogar einen großen Teil dieser Arbeit zu leisten, für die mathematische Methoden allein völlig geeignet sind. Wenn die gewöhnliche Sprache einen Teil davon übernehmen kann, ist das von Vorteil. Die Schwierigkeit, die mit der mathematischen Symbolik einhergeht, ist die damit einhergehende Tendenz, das Symbol als erschöpfende Beschreibung der Realität anzusehen. Nun ist es aber nicht so beschreibend. Es verkörpert immer eine Abstraktion. Dies führt dazu, dass Metaphern verwendet werden, die unzureichend und im Allgemeinen unwahr sind. Nur die Qualifizierung durch eine anschauliche Sprache mit größerer Reichweite kann diese Tendenz eindämmen. Eine neue Schule von mathematischen Physikern, die allerdings noch nicht sehr zahlreich ist, beginnt dies zu erkennen.

Aber für englische und deutsche Schriftsteller ist die neue Aufgabe sehr schwierig. Weder der angelsächsische noch der sächsische Genius eignet sich leicht für diese Aufgabe. Auch in Frankreich ist die Aufgabe, soweit ich weiß, noch nicht vollständig in Angriff genommen worden.

Dennoch gibt es in Frankreich einen Geist und eine Ausdrucksfähigkeit, die den Zugang dazu leichter machen als bei uns oder bei den Deutschen. Die Klarheit des Ausdrucks ist eine Gabe, die die besten französischen Schriftsteller in höherem Maße besitzen als wir. Einige von uns haben daher mit großem Interesse auf die französischen Darstellungen der schwierigen Lehre Einsteins gewartet.

M. Nordmann ist nicht nur ein hochqualifizierter Astronom und mathematisch-physikalischer Wissenschaftler, sondern verfügt auch über die Gabe seiner Herkunft. Die lateinische Fähigkeit, die Abstraktheit aus der Beschreibung von Tatsachen zu eliminieren, ist überall in seinen Schriften zu erkennen. Einzelne Fakten treten an die Stelle von allgemeinen Vorstellungen, von *Begriffen*. Die Sprache ist die der *Vorstellung*, in einer Weise, die im Deutschen kaum praktikabel wäre. Auch ist unsere eigene Sprache der französischen nicht ebenbürtig, was die Feinheit der Beschreibung angeht. Dieses Buch hätte kaum von einem Engländer geschrieben werden können. Aber die Schwierigkeit, die sich ihm in den Weg gestellt hätte, wäre sowohl eine geistige als auch eine buchstäbliche gewesen. Es ist der Klarheit des französischen Autors in Verbindung mit seiner eigenen Ausdrucksfähigkeit zu verdanken, dass es dem Übersetzer gelungen ist, die Hindernisse, die einer Darstellung in unserer Sprache im Wege standen, so gut zu überwinden. Nachdem ich das Buch sowohl auf Französisch als auch auf Englisch gelesen habe, erscheint mir die Übersetzung bewundernswert.

M. Nordmann hat das Einsteinsche Prinzip in Worten dargestellt, die den durchschnittlichen Leser über viele der Schwierigkeiten hinweghelfen, auf die er beim Versuch, es zu verstehen, stoßen muss. In Erinnerung an Goethes Maxime, dass derjenige, der etwas erreichen will, sich selbst beschränken muss, hat er nicht das Ziel verfolgt, das gesamte Feld abzudecken, auf das Einsteins Lehre gerichtet ist. Aber es gelingt ihm, viele abstruse Dinge für den Laien verständlich zu machen. Die vielleicht brillantesten seiner Bemühungen in dieser Richtung sind die Kapitel <u>V</u> und <u>VI</u>, in denen er mit außerordentlicher Klarheit die neue Theorie der Gravitation und ihrer Beziehung zur Trägheit erklärt.

Meiner Meinung nach ist M. Nordmann vielleicht weniger erfolgreich in dem mutigen Angriff, den er in seinem dritten Kapitel auf die Unklarheit, die mit dem Begriff des "Intervalls" einhergeht, unternimmt. Aber das liegt daran, dass die vierdimensionale Welt, die für Einstein und Minkowski die Grundlage der Erfahrung von Raum und Zeit ist, an sich eine obskure Vorstellung ist. Die Mathematiker reden fröhlich darüber und setzen ihre Eigenschaften in Gleichungen um, obwohl sie das Maß und die Form, die die tatsächliche Erfahrung immer in irgendeiner Form mit sich bringt, im Wesentlichen ausschließen. Sie verfallen deshalb in eine unbewusste Metaphysik von zweifelhaftem Charakter. Das macht den praktischen Wert ihrer Gleichungen nicht zunichte, aber es macht sie sehr unzuverlässig als Führer zum Charakter der Realität in der Bedeutung, die der einfache Mensch ihr beimisst. Der Autor dieser kleinen Abhandlung ist also ein guter Mensch, der mit dem Unglück zu kämpfen hat. Wenn er das Thema klar machen könnte, würde er es tun. Aber niemand hat es klar gemacht, außer als eine Abstraktion, die funktioniert, die aber trotz gegenteiliger Andeutungen für uns nicht in Bilder gekleidet werden kann.

Dies ist jedoch nicht der Fehler von M. Nordmann selbst, sondern der einer Phase des Themas. Das Thema in seinen anderen Aspekten behandelt er mit der unvergleichlichen Klarheit eines Franzosen. Ich kenne kein Buch, das besser geeignet wäre als das jetzt übersetzte, um dem durchschnittlichen Leser ein gewisses Verständnis eines Prinzips zu vermitteln, das noch in den Kinderschuhen steckt, aber, wie ich glaube, dazu bestimmt ist, die Meinung in mehr Wissensgebieten als nur denen der mathematischen Physik zu verändern.

Haldane

INHALT

KAPITEL I
DIE METAMORPHOSEN VON RAUM UND ZEIT

KAPITEL II
WISSENSCHAFT IN EINEM VERKEHRSFREIEN RAUM

INHALT

KAPITEL III
DIE EINSTEINSCHE LÖSUNG

KAPITEL IV
DIE EINSTEINSCHE MECHANIK

KAPITEL V
VERALLGEMEINERTE RELATIVITÄT

INHALT

KAPITEL VI
DIE NEUE AUFFASSUNG
DER GRAVITATION

KAPITEL VII
IST DAS UNIVERSUM UNENDLICH?

KAPITEL VIII
WISSENSCHAFT UND WIRKLICHKEIT

KAPITEL IX
EINSTEIN ODER NEWTON?

FUSSNOTEN

EINFÜHRUNG

Dieses Buch ist kein Liebesroman. Dennoch.... Wenn Liebe, wie Platon sagt, ein Aufsteigen ins Unendliche ist, wo finden wir dann mehr Liebe als in der leidenschaftlichen Neugier, die uns mit gesenktem Kopf und klopfendem Herzen gegen die Mauer des Geheimnisses drängt, die unsere materielle Welt umgibt? Wir spüren, dass sich hinter dieser Mauer etwas Erhabenes befindet. Was ist es? Die Wissenschaft ist das Ergebnis der Suche nach diesem geheimnisvollen Etwas.

Kürzlich hat ein Mann von außerordentlicher Begabung, Albert Einstein, dieser Mauer, die die Wirklichkeit vor uns verbirgt, einen gewaltigen Schlag versetzt. Ein wenig Licht aus dem Jenseits dringt nun durch die Bresche, die er geschlagen hat, zu uns, und unsere Augen werden von den Strahlen verzaubert, fast geblendet. Ich möchte hier, so einfach und klar wie möglich, einen schwachen Reflex des Eindrucks wiedergeben, den er auf uns gemacht hat.

Einsteins Theorien haben eine tiefgreifende Revolution in der Wissenschaft herbeigeführt. In ihrem Licht erscheint die Welt einfacher, koordinierter, einheitlicher. Wir werden von nun an besser erkennen, wie großartig und kohärent sie ist, wie sie von einer unnachgiebigen Harmonie beherrscht wird. Ein wenig von dem Unaussprechlichen wird uns klarer werden.

Der Mensch ist auf seinem Weg durch das Universum wie ein Staubkorn, das einen Augenblick lang in den goldenen Strahlen der Sonne tanzt und dann in der Dunkelheit versinkt. Gibt es eine schönere oder edlere Art, dieses Leben zu verbringen, um seine Augen, seinen Geist, sein Herz mit den unsterblichen und doch so schwer fassbaren Strahlen zu erfüllen? Welches höhere Vergnügen kann es geben, als das herrliche und erstaunliche Schauspiel des Universums zu betrachten, zu suchen und zu verstehen?

In Wirklichkeit gibt es mehr Wunderbares und Romantisches als in all unseren armen Träumen. Im Wissensdurst, im mystischen Impuls, der uns in das tiefe Herz des Unbekannten drängt, steckt mehr Leidenschaft und mehr Süße als in all den Trivialitäten, die so viele Literaturen tragen. Vielleicht liege ich ja falsch, wenn ich sage, dass dieses Buch kein Liebesroman ist.

Ich werde mich auf diesen Seiten bemühen, dem Leser die von Einstein eingeleitete Revolution genau, aber ohne den esoterischen Apparat des Fachschriftstellers verständlich zu machen. Ich werde auch versuchen, ihre Grenzen festzulegen, genau zu sagen, was wir heute höchstens über die äußere Welt wissen können, wenn wir sie durch den durchsichtigen Schirm der Wissenschaft betrachten.

Auf jede Revolution folgt eine Reaktion, und zwar aufgrund des Rhythmus, der ein inhärentes und ewiges Gesetz des menschlichen Geistes zu sein scheint. Einstein ist zugleich der Sieyès, der Mirabeau und der Danton der neuen Revolution. Aber die Revolution hat bereits ihren fanatischen Marats hervorgebracht, der der Wissenschaft sagen würde: "Bis hierher und nicht weiter."

Es gibt also einen gewissen Widerstand gegen die Anmaßungen der übereifrigen Apostel des neuen wissenschaftlichen Evangeliums. In der Akademie der Wissenschaften nimmt Paul Painlevé mit der ganzen Kraft eines energischen mathematischen Genies seinen Platz zwischen Newton, der gestürzt werden sollte, und Einstein ein. Auf meinen letzten Seiten werde ich die durchdringenden Kritiken des großen französischen Geometers untersuchen. Sie werden mir helfen, die genaue Position von Einsteins großartiger Synthese in der Entwicklung unserer Ideen zu bestimmen. Doch zunächst möchte ich die Synthese selbst mit all der Zuneigung erläutern, die man den Dingen entgegenbringen muss, die man verstehen möchte.

Die Wissenschaft hat ihre Aufgabe mit dem Werk Einsteins nicht abgeschlossen. Es gibt noch viele für uns unergründliche Tiefen, die darauf warten, dass ein Genie von morgen Licht in sie hineinbringt. Es ist das Wesen der erhabenen Größe der Wissenschaft, dass sie unaufhörlich voranschreitet. Sie ist wie eine Fackel im düsteren Wald des Geheimnisses. Der Mensch vergrößert jeden Tag den Kreis des Lichts, das sich um ihn herum ausbreitet, aber gleichzeitig und aufgrund seines Fortschritts sieht er sich an immer mehr Stellen der Dunkelheit des Unbekannten gegenüber. Nur wenige Menschen haben den Lichtstrahl so tief in den Wald hineingetragen wie Einstein. Trotz der schmutzigen Sorgen, die uns heute inmitten so vieler schwerwiegender Unwägbarkeiten bedrängen, offenbart uns sein System ein Element der Größe.

Unser Zeitalter ist wie der lärmende und substanzlose Schaum, der das Gold eines großzügigen Weines krönt und für einen Moment verbirgt. Wenn all das vergängliche Rauschen, das jetzt unsere Ohren erfüllt, vorbei ist, wird Einsteins Theorie vor uns aufragen wie ein großer Leuchtturm am Rande unseres traurigen und unbedeutenden zwanzigsten Jahrhunderts.

CHARLES NORDMANN.

EINSTEIN UND DAS UNIVERSUM

KAPITEL I

DIE METAMORPHOSEN VON
RAUM UND ZEIT

Beseitigung der mathematischen Schwierigkeiten-Die Säulen des Wissens-Absolute Zeit und Raum, von Aristoteles bis Newton-Relative Zeit und Raum, von Epikur bis Poincaré und Einstein-Klassische Relativitätstheorie-Antinomie der stellaren Aberration und das Michelson-Experiment.

"Hast du Baruch gelesen?" rief La Fontaine einst begeistert aus. Heute hätte er seine Freunde mit der Frage "Hast du Einstein gelesen?" belästigt.

Doch während man nur ein wenig Latein braucht, um Zugang zu Spinoza zu finden, wachen vor Einstein furchterregende Ungeheuer, die uns mit ihren schrecklichen Fratzen zu verbieten scheinen, uns ihm zu nähern. Sie stehen hinter seltsamen, beweglichen Stäben, die mal rechteckig, mal gekrümmt sind und als "Koordinaten" bezeichnet werden. Sie tragen Namen, die so furchterregend sind wie sie selbst - "kontravariante und kovariante Vektoren, Tensoren, Skalare, Determinanten, orthogonale Vektoren, verallgemeinerte Dreiersymbole" und so weiter.

Diese seltsamen Wesen, die aus den wildesten Tiefen des mathematischen Dschungels stammen, fügen sich mit einer bemerkenswerten Promiskuität zusammen oder trennen sich voneinander, und zwar mittels einer erstaunlichen Operation, die man *Integration* und *Differenzierung* nennt.

Kurz gesagt, Einstein mag ein Schatz sein, aber es gibt eine furchterregende Truppe mathematischer Reptilien, die neugierige Menschen davon fernhält; obwohl es keinen Zweifel geben kann, dass sie, wie unsere gotischen Wasserspeier, eine eigene verborgene Schönheit haben. Vertreiben wir sie jedoch mit der Peitsche der einfachen Terminologie und nähern wir uns der Pracht der Einsteinschen Theorie.

Wer ist dieser Physiker Einstein? Diese Frage ist hier nicht von Bedeutung. Es genügt zu wissen, dass er sich geweigert hat, das berüchtigte Manifest der Professoren zu unterzeichnen, und sich damit die Verfolgung durch die Pangermanisten zugezogen hat. [1] Mathematische Wahrheiten und wissenschaftliche Entdeckungen haben einen Eigenwert, und dieser muss unparteiisch beurteilt und gewürdigt werden, wer auch immer ihr Urheber sein mag. Wäre Pythagoras der niedrigste aller Verbrecher gewesen, so würde diese Tatsache die Gültigkeit des Quadrats der Hypotenuse nicht im Geringsten schmälern. Eine Theorie ist entweder wahr oder falsch, unabhängig davon, ob die Nase ihres Verfassers die aquiline Kontur der Nase der Kinder von Sem hat oder die abgeflachte Form derjenigen der Kinder von Cham oder die Geradlinigkeit derjenigen der Kinder von Japhet. Haben wir das Gefühl, dass die Menschheit perfekt ist, wenn wir gelegentlich sagen hören: "Sagen Sie mir, in welche Kirche Sie gehen, und ich werde Ihnen sagen, ob Ihre Geometrie in Ordnung ist." Die Wahrheit braucht keinen Zivilstand. Lasst uns weitermachen.

Alle unsere Ideen, die gesamte Wissenschaft und sogar unser gesamtes praktisches Leben beruhen auf der Art und Weise, wie wir uns die aufeinanderfolgenden Aspekte der Dinge vorstellen. Unser Verstand ordnet sie mit Hilfe unserer Sinne vor allem unter den Begriffen Zeit und Raum, die so zu den beiden Rahmen werden, in die wir alles einordnen, was uns an der materiellen Welt erscheint. Wenn wir einen Brief schreiben, setzen wir an den Anfang den Namen des Ortes und das Datum. Wenn wir eine Zeitung aufschlagen, finden wir die gleichen Angaben am Anfang jeder telegrafischen Nachricht. Es ist in allem und für alles das Gleiche. Die Zeit und der Raum, die Lage und die Zeitspanne der Dinge erweisen sich somit als die beiden Säulen des Wissens, als die beiden Säulen, die das Gebäude des menschlichen Verstandes tragen.

So empfand es auch Leconte de Lisle, als er sich an den "göttlichen Tod" wandte und in seiner tiefsinnigen, philosophischen Art schrieb:

Befreie uns von Zeit, Zahl und Raum:

Gewähre uns die Ruhe, die das Leben verdorben hat.

Er fügt das Wort "Zahl" nur ein, um Zeit und Raum quantitativ zu definieren. Was er in diesen berühmten und großartigen Zeilen fein zum Ausdruck gebracht hat, ist die Tatsache, dass alles, was es für uns in diesem riesigen Universum gibt, alles, was wir wissen und sehen, der ganze unaussprechliche und bewegte Fluss der Phänomene, uns keinen definitiven Aspekt, keine präzise Form präsentiert, bis es durch die beiden Filter gegangen ist, die der Verstand dazwischengeschaltet hat, Zeit und Raum.

Das Werk Einsteins gewinnt seine Bedeutung aus der Tatsache, dass er, wie wir sehen werden, gezeigt hat, dass wir unsere Vorstellungen von Zeit und Raum völlig revidieren müssen. Wenn dies der Fall ist, muss die gesamte Wissenschaft, einschließlich der Psychologie, rekonstruiert werden. Das ist der erste Teil von Einsteins Arbeit, aber sie geht noch weiter. Wäre das sein ganzes Werk, wäre es nur negativ.

Nachdem er von der Struktur des menschlichen Wissens das entfernt hatte, was als unentbehrliche Wand davon angesehen wurde, obwohl es in Wirklichkeit nur ein zerbrechliches Gerüst war, das die Harmonie seiner Proportionen verbarg, begann er mit dem Wiederaufbau. Er machte in der Struktur große Fenster, die uns jetzt erlauben, die Schätze zu sehen, die sie enthält. Mit einem Wort, Einstein hat einerseits mit erstaunlicher Schärfe und Tiefe gezeigt, dass das Fundament unseres Wissens anders zu sein scheint, als wir dachten, und dass es mit einer neuen Art von Zement repariert werden muss. Andererseits hat er das Gebäude auf dieser neuen Grundlage wieder aufgebaut und ihm eine kühne, bemerkenswert schöne und harmonische Form gegeben.

Ich muss nun im Einzelnen, konkret und so genau wie möglich, die Bedeutung dieser Allgemeinheiten aufzeigen. Aber ich muss zunächst auf einem Punkt bestehen, der von erheblicher Bedeutung ist: Hätte sich Einstein auf den ersten Teil seines Werkes beschränkt, wie ich ihn beschrieben habe, den Teil, der die klassischen Vorstellungen von Zeit und Raum erschüttert, hätte er niemals den Ruhm erlangt, der seinen Namen heute in der Welt des Denkens groß macht.

Dieser Punkt ist wichtig, weil die meisten derjenigen, die über Einstein geschrieben haben - abgesehen von den Fachleuten -, vor allem, oft sogar ausschließlich, diese mehr oder weniger "destruktive" Seite seines Werks hervorgehoben haben. Aber, wie wir sehen werden, war Einstein in dieser Hinsicht nicht der erste, und er ist nicht der einzige. Alles, was er getan hat, ist, einen Meißel, den andere, insbesondere der große Henri Poincaré, lange vor ihm benutzt haben, zu schärfen und ein wenig tiefer zwischen die schlecht zusammengefügten Steine der klassischen Wissenschaft zu drücken. Mein nächster Punkt ist, wenn ich kann, den wirklichen, den unsterblichen Titel von Einstein für die Dankbarkeit der Menschen zu erklären: zu zeigen, wie er durch seine eigenen Kräfte die Struktur in einer neuen und großartigen Form nach seiner kritischen Arbeit wiederaufgebaut hat. Darin teilt er seinen Ruhm mit niemandem.

Die gesamte Wissenschaft, von Aristoteles bis zu unserer Zeit, beruht auf der Hypothese - oder besser gesagt, auf der Hypothese -, dass es eine absolute Zeit und einen absoluten Raum gibt. Mit anderen

Worten, unsere Vorstellungen beruhten auf der Annahme, dass ein Zeitintervall und ein Raumintervall zwischen zwei gegebenen Phänomenen für jeden Beobachter und unter allen Beobachtungsbedingungen immer gleich sind. Zum Beispiel wäre es niemandem in den Sinn gekommen, solange die klassische Wissenschaft vorherrschend war, dass das Zeitintervall, die Anzahl der Sekunden, die zwischen zwei aufeinanderfolgenden Sonnenfinsternissen liegt, für einen Beobachter auf der Erde nicht die feste und identische Anzahl von Sekunden sein könnte wie für einen Beobachter auf dem Sirius (unter der Annahme, dass die Sekunde für beide durch denselben Chronometer definiert ist). Ebenso würde niemand auf die Idee kommen, dass die Entfernung in Metern zwischen zwei Objekten, z. B. die Entfernung der Erde von der Sonne zu einem bestimmten Zeitpunkt, gemessen durch Trigonometrie, für einen Beobachter auf der Erde nicht dieselbe sein könnte wie für einen Beobachter auf dem Sirius (wobei das Meter für beide durch dieselbe Regel definiert ist).

"Es gibt", sagt Aristoteles, "eine einzige und unveränderliche Zeit, die in zwei Bewegungen auf gleiche und gleichzeitige Weise fließt; und wenn diese beiden Arten von Zeit nicht gleichzeitig wären, so wären sie doch von gleicher Art. In Bezug auf Bewegungen, die gleichzeitig stattfinden, gibt es also ein und dieselbe Zeit, unabhängig davon, ob die Bewegungen gleich schnell sind oder nicht; und dies gilt auch dann, wenn eine von ihnen eine lokale Bewegung und die andere eine Veränderung.... Daraus folgt, dass, auch wenn die Bewegungen sich voneinander unterscheiden und unabhängig voneinander entstehen, die Zeit für beide absolut dieselbe ist.[2] Diese aristotelische Definition der physikalischen Zeit ist mehr als zweitausend Jahre alt, und doch stellt sie eindeutig die Vorstellung von Zeit dar, die in der klassischen Wissenschaft, insbesondere in der Mechanik von Galilei und Newton, bis in die jüngsten Jahre hinein verwendet wurde.

Es scheint jedoch, dass Epikur trotz Aristoteles die Position darstellte, die Einstein später im Gegensatz zu Newton einnehmen würde. Um die Worte frei zu übersetzen, mit denen Lukrez die Lehre des Epikur darlegt:

"Die Zeit hat keine eigene Existenz, sondern nur in materiellen Objekten, von denen wir die Vorstellung von Vergangenheit, Gegenwart und Zukunft haben. Es ist unmöglich, sich die Zeit an sich unabhängig von der Bewegung oder Ruhe der Dinge vorzustellen."[3]

Sowohl Raum als auch Zeit wurden von der Wissenschaft seit Aristoteles als unveränderliche, feste, starre, absolute Daten betrachtet. Newton dachte, dass er etwas Selbstverständliches, eine Plattitüde, sagte, als er in seinem berühmten Scholion schrieb: "Die absolute, wahre und mathematische Zeit, für sich genommen und ohne Beziehung zu irgendeinem materiellen Objekt, fließt gleichförmig von ihrer eigenen Natur.... Der absolute Raum hingegen, der von seiner eigenen Natur her unabhängig von jeder Beziehung zu äußeren Objekten ist, bleibt immer unveränderlich und unbeweglich."

Die gesamte Wissenschaft, die gesamte Physik und Mechanik, wie sie noch immer an unseren Hochschulen und den meisten unserer Universitäten gelehrt werden, beruhen vollständig auf diesen Behauptungen, diesen Ideen einer absoluten Zeit und eines absoluten Raumes , die für sich genommen und ohne Bezug auf ein äußeres Objekt unabhängig von ihrer Natur sind.

Mit einem Wort - wenn ich mir erlauben darf, dieses Bild zu verwenden - war die Zeit in der klassischen Wissenschaft wie ein Fluss, der die Phänomene trägt, wie ein Strom die Schiffe, und zwar unabhängig davon, ob es Phänomene gibt oder nicht. Der Raum war in ähnlicher Weise wie das Ufer des Flusses, gleichgültig gegenüber den Schiffen, die ihn passierten.

Seit Newton, wenn nicht sogar schon seit Aristoteles, dürfte jedem aufmerksamen Metaphysiker aufgefallen sein, dass an diesen Definitionen etwas falsch ist. Absolute Zeit und absoluter Raum sind "Dinge an sich", und diese hat der menschliche Verstand immer als ihm nicht direkt zugänglich betrachtet. Die Angaben über Raum und Zeit, die nummerierten Etiketten, die wir den Gegenständen der materiellen Welt anheften, so wie wir am Bahnhof Etiketten auf Pakete kleben, damit sie nicht verloren gehen (eine Vorsichtsmaßnahme, die nicht immer ausreicht), werden uns von unseren Sinnen, ob mit Hilfe von Instrumenten oder nicht, nur dann gegeben, wenn wir konkrete Eindrücke empfangen. Hätten wir eine Vorstellung von ihnen, wenn es keine Körper gäbe, die wir mit ihnen verbinden, oder besser gesagt, denen wir die Etiketten anheften? Diese Frage zu bejahen, wie es Aristoteles, Newton und die klassische Wissenschaft tun, bedeutet, eine sehr kühne Annahme zu treffen, die nicht offensichtlich gerechtfertigt ist.

Die einzige Zeit, von der wir abgesehen von allen Objekten eine Vorstellung haben, ist die psychologische Zeit, die von M. Bergson so brillant untersucht wurde: eine Zeit, die mit der Zeit der Physiker, der Wissenschaft, nur den Namen gemeinsam hat.

Henri Poincaré, dem großen Franzosen, dessen Tod eine Lücke hinterlassen hat, die nie gefüllt werden wird, gebührt das Verdienst , als Erster mit größter Klarheit und kluger Kühnheit bewiesen zu haben, dass Zeit und Raum, wie wir sie kennen, nur relativ sein können. Ein paar Zitate aus seinen Werken sind nicht fehl am Platz. Sie werden zeigen, dass das meiste, was heute Einstein zugeschrieben wird, in Wirklichkeit Poincaré zu verdanken ist. Dies zu beweisen, bedeutet keineswegs, die Verdienste Einsteins zu schmälern, denn diese liegen, wie wir sehen werden, auf anderen Gebieten.

So drückte sich Poincaré aus, dessen Ideen noch immer die Köpfe nachdenklicher Menschen beherrschen, obwohl seine sterbliche Hülle schon vor Jahren untergegangen ist, und dessen triumphaler Schwung sich jeden Tag weiter ausbreitet:

"Man kann sich keine Vorstellung vom leeren Raum machen.... Daraus folgt die unbestreitbare Relativität des Raumes. Wer vom absoluten Raum spricht, verwendet Worte, die keine Bedeutung haben. Ich befinde mich an einem bestimmten Ort in Paris - nehmen wir an, es ist der Place du Panthéon - und ich sage: "Ich werde morgen *hierher* zurückkehren. Wenn mich jemand fragt, ob ich damit meine, dass ich an denselben Punkt im Raum zurückkehren werde, bin ich versucht zu antworten: "Ja". Das wäre jedoch falsch, denn zwischen heute und morgen wird sich die Erde bewegt haben und den Place du Panthéon mit sich nehmen, so dass der Platz morgen mehr als 2.000.000 Kilometer von seinem jetzigen Standort entfernt sein wird. Und es wäre sinnlos, wenn ich versuchen würde, eine präzise Sprache zu verwenden, denn diese 2.000.000 Kilometer sind Teil der Reise unserer Erde um die Sonne, aber die Sonne selbst hat sich im Verhältnis zur Milchstraße bewegt, und die Milchstraße bewegt sich ihrerseits zweifellos mit einer Geschwindigkeit, die wir nicht erfahren können. Wir wissen also nicht, wie weit sich die Place du Panthéon an einem einzigen Tag im Raum verschiebt, und wir werden es immer wissen. Was ich eigentlich sagen wollte, war: "Morgen werde ich wieder die Kuppel und die Fassade des Panthéon sehen. Gäbe es kein Panthéon, hätten meine Worte keinen Sinn, und der Raum würde verschwinden."

Poincaré arbeitet seine Idee auf diese Weise aus:

"Angenommen, alle Dimensionen des Universums würden sich in einer Nacht um das Tausendfache vergrößern. Die Welt bliebe die gleiche, was dem Wort "gleich" die Bedeutung gibt, die es im dritten Buch der Geometrie hat. Dennoch wird ein Gegenstand, der bisher einen Meter lang war, in Zukunft einen Kilometer lang sein; ein Gegenstand, der bisher einen Millimeter maß, wird jetzt einen Meter messen. Das Bett, auf dem ich liege, und der Körper, der darauf liegt, werden in genau demselben Ausmaß an Größe zunehmen. Was für Gefühle werde ich haben, wenn ich am Morgen angesichts einer solch erstaunlichen Verwandlung erwache? Nun, ich werde nichts darüber wissen. Auch die genauesten Messungen würden mir nichts über die Revolution verraten, denn das Band, das ich zum Messen verwende, wird sich im gleichen Maße verändert haben wie die Objekte, die ich messen möchte. In der Tat gäbe es keine Revolution, außer in den Köpfen derjenigen, die so denken, als sei der Raum absolut. Wenn ich einen Moment lang so argumentiert habe, wie sie es tun, dann nur, um deutlicher zu zeigen, dass ihre Position widersprüchlich ist."

Es wäre leicht, das Argument von Poincaré weiterzuentwickeln. Wenn alle Objekte im Universum zum Beispiel tausendmal größer, tausendmal breiter würden, könnten wir das gar nicht wahrnehmen, weil wir selbst - unsere Netzhaut und unser Messstab - zur gleichen Zeit im gleichen Maße verändert würden. In der Tat, wenn alle Dinge im Universum eine absolut unregelmäßige räumliche Verformung erfahren würden - wenn irgendein unsichtbarer und allmächtiger Geist das Universum in irgendeiner Weise verzerren würde, indem er es ausdehnt, als wäre es Gummi -, hätten wir keine Möglichkeit, die Tatsache zu erkennen. Es könnte keinen besseren Beweis dafür geben, dass der Raum relativ ist und dass wir uns den Raum nicht losgelöst von den Dingen vorstellen können, die wir benutzen, um ihn zu messen. Wenn es keine Messlatte gibt, gibt es auch keinen Raum.

Poincaré trieb seine Überlegungen zu diesem Thema so weit, dass er zu dem Schluss kam, dass sogar die Umdrehung der Erde um die Sonne nur eine bequemere Hypothese ist als die gegenteilige Annahme, aber keine wahrere Hypothese, es sei denn, wir setzen die Existenz des absoluten Raums voraus.

Es sei daran erinnert, dass einige unvorsichtige Polemiker versucht haben, aus dem Argument von Poincaré zu schließen, dass die Verurteilung von Galilei gerechtfertigt war. Nichts könnte amüsanter sein als die Art und Weise, in der sich der angesehene Mathematiker-Philosoph gegen diese Interpretation verteidigte, obwohl man zugeben muss, dass seine Verteidigung nicht ganz überzeugend war. Er hat das agnostische Element nicht ausreichend berücksichtigt.

Poincaré ist jedenfalls der Anführer derjenigen, die den Raum als eine bloße Eigenschaft betrachten, die wir den Objekten zuschreiben. In dieser Sichtweise ist unsere Vorstellung vom Raum sozusagen nur das erbliche Ergebnis der Anstrengungen unserer Sinne, mit denen wir versuchen, die materielle Welt in einem bestimmten Moment zu erfassen.

Mit der Zeit verhält es sich genauso. Auch hier wurden die Einwände der philosophischen Relativisten schon vor langer Zeit erhoben, aber es war Poincaré, der ihnen ihre endgültige Form gab. Seine leuchtenden Demonstrationen sind jedoch wohlbekannt, und wir brauchen sie hier nicht wiederzugeben. Es genügt zu bemerken, dass man sich sowohl in Bezug auf die Zeit als auch auf den Raum entweder eine Kontraktion oder eine Vergrößerung der Skala vorstellen kann, die für uns völlig unmerklich wäre , und dies scheint zu zeigen, dass der Mensch sich keine absolute Zeit vorstellen kann. Wenn ein bösartiger Geist sich eines Nachts einen Spaß daraus machen würde, alle Phänomene des Universums tausendmal langsamer zu machen, würden wir, wenn wir erwachen, keine Möglichkeit haben, die Veränderung zu erkennen. Die Welt würde uns unverändert erscheinen. Und doch wäre jede Stunde, die von unseren Uhren aufgezeichnet wird, tausendmal länger als die Stunden, die sie vorher waren. Die Menschen würden tausendmal so lange leben und wären sich dessen nicht bewusst, da ihre Empfindungen im gleichen Verhältnis langsamer wären.

Als Lamartine an die Zeit appellierte, "ihren Flug anzuhalten", sagte er etwas sehr Reizvolles, aber vielleicht auch Sinnloses. Hätte die Zeit seinem leidenschaftlichen Appell gehorcht, hätten weder Lamartine noch Elvire davon gewusst und sich darüber gefreut. Der Bootsmann, der die Verliebten auf dem Lac du Bourget beförderte, hätte nicht eine einzige zusätzliche Stunde verlangt, aber er hätte seine Ruder noch viel länger in das angenehme Wasser getaucht.

Ich wage es, all dies in einem Satz zusammenzufassen, der auf den ersten Blick paradox erscheinen wird: Nach Ansicht der Relativisten sind es die Messlatten, die den Raum schaffen, die Uhren, die die Zeit schaffen. All dies wurde von Poincaré und anderen lange vor der Zeit Einsteins behauptet, und man tut der Wahrheit unrecht, wenn man ihm die Entdeckung zuschreibt. Ich bin mir durchaus bewusst, dass man nur den Reichen etwas leiht, aber man tut den Reichen selbst Unrecht, wenn man ihnen zuschreibt, was ihnen nicht gehört und was sie nicht brauchen, um reich zu sein.

Darüber hinaus gibt es einen Punkt, an dem Galilei und Newton trotz ihres Glaubens an die Existenz von absolutem Raum und absoluter Zeit eine gewisse Relativität zugaben. Sie erkannten, dass es unmöglich ist, zwischen gleichförmigen Translationsbewegungen zu unterscheiden. Sie räumten also die Gleichwertigkeit all dieser Bewegungen ein und damit die Unmöglichkeit, eine absolute Translationsbewegung zu beweisen.

Dies wird als das Prinzip der klassischen Relativitätstheorie bezeichnet.

Eine unerwartete Tatsache brachte diese Fragen auf eine neue Ebene und veranlasste Einstein zu einer bemerkenswerten Erweiterung des Relativitätsprinzips der klassischen Mechanik. Es handelte sich um ein berühmtes Experiment von Michelson, das wir kurz beschreiben müssen.

Es ist bekannt, dass sich Lichtstrahlen im leeren Raum von Stern zu Stern bewegen, sonst könnten wir die Sterne nicht sehen. Daraus schlossen die Physiker schon vor langer Zeit, dass die Strahlen in einem Medium reisen, das keine Masse und Trägheit hat, unendlich elastisch ist und der Bewegung materieller Körper, in die es eindringt, keinen Widerstand bietet. Dieses Medium wurde als Äther bezeichnet. Das Licht bewegt sich in ihm wie Wellen, die sich über die Wasseroberfläche ausbreiten, mit einer Geschwindigkeit von etwa 186.000 Meilen pro Sekunde: eine Geschwindigkeit, die wir mit dem Buchstaben V ausdrücken werden.

Die Erde umkreist die Sonne in einem wahren Ozean aus Äther mit einer Geschwindigkeit von etwa 18 Meilen pro Sekunde. Dabei braucht die Drehung der Erde um ihre Achse nicht beachtet zu werden, denn sie schiebt die Oberfläche des Erdballs mit einer Geschwindigkeit von weniger als zwei Meilen pro Sekunde durch den Äther. Nun war oft die

Frage gestellt worden: Nimmt die Erde bei ihrer Umlaufbewegung um die Sonne den Äther, der mit ihr in Berührung kommt, mit, wie ein Schwamm, der aus dem Fenster geworfen wird, das Wasser mitnimmt, das er aufgesogen hat? Die Experimente - oder besser gesagt, die Experimente, denn es wurden viele mit demselben Ergebnis versucht - haben gezeigt, dass die Frage mit Nein beantwortet werden muss.

Dies wurde erstmals durch astronomische Beobachtungen festgestellt. In der Astronomie gibt es ein bekanntes Phänomen, das von Bradley entdeckt wurde und als Aberration bezeichnet wird. Sie besteht darin, dass bei der Beobachtung eines Sterns mit einem Fernrohr das Bild des Sterns nicht genau in der direkten Blickrichtung liegt. Der Grund dafür ist, dass die Lichtstrahlen des Sterns, die in das Teleskop eindringen, die Länge des Rohrs durchlaufen, während das Instrument leicht verschoben wird, da es die Bewegung der Erde mitmacht. Der Lichtstrahl in der Röhre hingegen nimmt nicht an der Bewegung der Erde teil, und dies führt zu der sehr geringen Abweichung, die wir Aberration nennen. Dies beweist, dass das Medium, in dem sich das Licht bewegt, der Äther, der das Instrument ausfüllt und die Erde umgibt, die Bewegung der Erde nicht teilt.

Viele andere Experimente haben zweifelsfrei bewiesen, dass der Äther, der Träger der Lichtwellen, auf seiner Reise nicht von der Erde mitgenommen wird. Da sich nun die Erde durch den Äther bewegt, wie ein Schiff über einen ruhenden See (und nicht wie eines, das auf einem fließenden Strom schwimmt), müsste es möglich sein, irgendeinen Beweis für diese Geschwindigkeit der Erde im Verhältnis zum Äther zu finden.

Eine der Vorrichtungen, die man sich zu diesem Zweck vorstellen kann, ist die folgende. Wir wissen, dass sich die Erde von Westen nach Osten um sich selbst dreht und sich auf dieselbe Weise um die Sonne bewegt. Daraus folgt, dass die Erdumdrehung um die Sonne mitten in der Nacht dazu führt, dass sich Paris mit einer Geschwindigkeit von etwa dreißig Kilometern pro Sekunde von Auteuil in Richtung Charenton verschiebt. Tagsüber verhält es sich natürlich genau umgekehrt. Paris wechselt seinen Platz um die Sonne in Richtung Charenton und Auteuil. Nehmen wir an, dass ein Physiker in Auteuil um Mitternacht ein Lichtsignal aussendet. Ein Physiker, der diesen Lichtstrahl in Charenton empfängt und seine Geschwindigkeit misst, müsste feststellen, dass diese V + 30 Kilometer beträgt. Wir wissen, dass Charenton aufgrund der Erdbewegung vor dem Lichtstrahl zurückweicht. Da sich das Licht in einem Medium, dem Äther, ausbreitet, das die Bewegung der Erde nicht teilt, müsste der Beobachter in Charenton feststellen, dass der Strahl ihn mit einer geringeren Geschwindigkeit erreicht, als er es tun würde, wenn die Erde stationär wäre. Es ist in etwa so, als ob ein Beobachter auf einem Fahrrad vor einem Schnellzug fahren würde. Wenn der Schnellzug mit dreißig Metern pro Sekunde fährt und der Radfahrer mit drei Metern pro Sekunde, beträgt die Geschwindigkeit des Zuges in Bezug auf den Radfahrer 30-3 = 27 Meter pro Sekunde. Sie wäre gleich *Null*, wenn der Zug und der Radfahrer mit der gleichen Geschwindigkeit unterwegs wären.

Würde der Radfahrer dagegen auf den Zug zufahren, wäre die Geschwindigkeit des Zuges in Bezug auf ihn 30 + 3 = 33 Meter pro Sekunde. Wenn der Physiker von Charenton um Mitternacht eine Lichtbotschaft aussendet und der Physiker von Auteuil sie empfängt, müsste dieser feststellen, dass der Lichtstrahl eine Geschwindigkeit von V + 30 Kilometer hat.

All dies lässt sich auch anders ausdrücken. Angenommen, die Entfernung zwischen dem Beobachter in Auteuil und dem Mann in Charenton beträgt genau zwölf Kilometer. Während sich der in Auteuil ausgesandte Lichtstrahl auf Charenton zubewegt, entfernt sich diese Stadt ein kleines Stück vor ihm. Daraus folgt, dass der Strahl etwas mehr als zwölf Kilometer zurücklegen muss, bevor er den Mann der Wissenschaft in Charenton erreicht. Wenn wir uns vorstellen, dass er sich in die entgegengesetzte Richtung bewegt, wird er etwas weniger als diese Entfernung zurücklegen.

Nun ist es dem amerikanischen Physiker Michelson nach einer genialen Idee des französischen Physikers Fizeau gelungen, Entfernungen mit Hilfe der Interferenzstreifen des Lichts mit hoher Genauigkeit zu messen. Jede Veränderung der gemessenen Entfernung äußert sich in der Verschiebung einer bestimmten Anzahl dieser Bänder, was sich mit einem Mikroskop leicht feststellen lässt.

Nehmen wir weiter an, dass unsere beiden Physiker in einem Laboratorium arbeiten und nicht zwischen Charenton und Auteuil. Nehmen wir an, dass sie mit Hilfe der Interferenzbänder den Raum messen, den ein im Laboratorium erzeugter Lichtstrahl durchquert, je nachdem, ob er sich in die gleiche Richtung wie die Erde oder in die entgegengesetzte Richtung bewegt. Dies ist das berühmte Experiment von Michelson, das auf seine wesentlichen Elemente reduziert und für die Zwecke dieses Aufsatzes vereinfacht wurde. Unter diesen Umständen müsste Michelsons empfindlicher Apparat einen deutlich messbaren Unterschied zeigen, je nachdem, ob sich das Licht mit der Erde oder in die entgegengesetzte Richtung bewegt.

Aber es wurde kein solcher Unterschied festgestellt. Entgegen allen Erwartungen und zum großen Erstaunen der Physiker wurde festgestellt, dass sich das Licht mit genau der gleichen Geschwindigkeit ausbreitet, egal ob der Mensch, der es empfängt, sich mit der Geschwindigkeit der Erde vor ihm entfernt oder sich ihr mit der gleichen Geschwindigkeit nähert. Es ist eine unbestreitbare Folge davon, dass *der Äther die Bewegung der Erde teilt*. Wir haben jedoch gesehen, dass andere Experimente, die nicht weniger präzise waren, ergeben haben, dass *der Äther die Bewegung der Erde nicht teilt*.

Aus diesem Widerspruch, diesem Konflikt zweier unvereinbarer, aber unbestreitbarer Tatsachen, entstand Einsteins großartige Synthese, wie ein Lichtfunke, der aus dem Zusammenprall von Feuerstein und Stahl entsteht.

KAPITEL II

WISSENSCHAFT IN EINEM VERKEHRSFREIEN RAUM

Wissenschaftliche Wahrheit und Mathematik-Die präzise Funktion von Einstein-Michelsons Experiment, der gordische Knoten der Wissenschaft-Das Zögern von Poincaré-Die seltsame, aber notwendige Fitzgerald-Lorentz-Hypothese-Die Kontraktion von bewegten Körpern-Philosophische und physikalische Schwierigkeiten.

Es wäre töricht, so zu tun, als ob wir ohne die Hilfe der Mathematik in die dunkelsten Winkel der Theorien Einsteins eindringen könnten. Ich glaube jedoch, dass wir in der gewöhnlichen Sprache, d. h. mit Hilfe von Illustrationen und Analogien, eine recht zufriedenstellende Vorstellung von diesen Dingen vermitteln können, deren Kompliziertheit in der Regel auf das unendlich subtile und geschmeidige Spiel der mathematischen Formeln und Gleichungen zurückzuführen ist.

Schließlich ist, war und wird die Mathematik nie etwas anderes sein als eine besondere Art von Sprache, eine Art Kurzschrift des Denkens und Argumentierens. Ihr Zweck ist es, die komplizierten Windungen langer Argumentationsketten mit einer kühnen Schnelligkeit zu durchschneiden, die der mittelalterlichen Langsamkeit der in unseren Worten ausgedrückten Syllogismen unbekannt ist.

Wie paradox dies auch immer Leuten erscheinen mag, die die Mathematik *an sich als* Mittel zur Entdeckung betrachten, die Wahrheit ist, dass wir nie etwas aus ihr herausholen können, das nicht implizit in den Daten enthalten war, die zwischen die Kiefer ihrer Gleichungen geschoben wurden. Wenn ich eine etwas triviale Illustration verwenden darf, so ist das mathematische Denken vergleichbar mit bestimmten Maschinen, die in Chicago zu sehen sind - so erzählen uns kühne

Forscher in den Vereinigten Staaten -, in die man lebende Tiere steckt, die am anderen Ende in Form von appetitlich zubereitetem Fleisch wieder herauskommen. Kein Zuschauer hätte das Tier lebendig essen können oder wollen, aber in der Form, in der es aus der Maschine kommt, kann es sofort verdaut und assimiliert werden. Doch das Fleisch ist lediglich das Tier, das auf bequeme Weise zubereitet wird. Das ist es, was die Mathematik tut. Mit Hilfe einer wunderbaren Maschinerie extrahiert der Mathematiker das wertvolle Mark aus den *gegebenen Fakten*. Diese Maschinerie ist besonders nützlich in Fällen, in denen die Räder der verbalen Argumentation, die Kette der Syllogismen, bald zum Stillstand kommen würden.

Folgt daraus, dass die Mathematik, genau genommen, keine Wissenschaft ist? Folgt daraus zumindest, dass sie nur insofern eine Wissenschaft ist, als sie sich auf die Realität stützt und mit experimentellen Daten gespeist wird, denn "die Erfahrung ist die einzige Quelle der Wahrheit." Ich enthalte mich einer Antwort auf diese Frage, da ich zu denjenigen gehöre, die glauben, dass alles Material für die Wissenschaft ist. Aber es lohnt sich, die Frage zu stellen, denn viele sind zu sehr geneigt, eine rein mathematische Ausbildung als wissenschaftliche Ausbildung zu betrachten. Nichts könnte weiter von der Wahrheit entfernt sein. Die reine Mathematik ist an sich nur eine verkürzte Form der Sprache und des logischen Denkens. Sie kann uns von sich aus nichts über die äußere Welt lehren, sondern nur in dem Maße, wie sie mit der Welt in Berührung kommt. Gerade von der Mathematik kann man sagen: *Naturæ non imperatur nisi parendo.*

Sind Einsteins Theorien nicht, wie einige unvollkommen informierte Autoren behauptet haben, nur ein Spiel mit mathematischen Formeln (wenn man das Wort in der Bedeutung nimmt, die ihm sowohl von Mathematikern als auch von Philosophen gegeben wird)? Wären sie nur ein hoch aufragendes mathematisches Gebilde, in dem die X's in verwirrenden Arabesken aus ihren Voluten herausschießen, mit Schwanenhals-Integralen, die Louis-XV-Muster beschreiben, hätten sie keinerlei Interesse für den Physiker, für den Mann, der die Natur der Dinge untersuchen muss, bevor er über sie spricht. Sie wären, wie alle kohärenten Schemata der Metaphysik, lediglich ein mehr oder weniger angenehmes Gedankensystem, dessen Wahrheit oder Falschheit niemals bewiesen werden könnte.

Einsteins Theorie ist ganz anders als das und viel mehr als das. Sie basiert auf Fakten. Sie führt auch zu Tatsachen - zu neuen Tatsachen. Keine philosophische Doktrin oder rein formale mathematische Konstruktion hat es uns je ermöglicht, neue Phänomene zu entdecken. Gerade weil sie zu solchen Entdeckungen geführt hat, ist die Einsteinsche Theorie weder das eine noch das andere. Das ist der Unterschied zwischen einer wissenschaftlichen Theorie und einer reinen Spekulation, und das ist es, was, so wage ich zu behaupten, die erstere so überlegen macht.

Wie eine kühn über einen Abgrund gespannte Hängebrücke stützt sich Einsteins Theorie auf der einen Seite auf experimentelle Phänomene, und auf der anderen Seite führt sie zu anderen, bisher nicht vermuteten Phänomenen, die sie uns zu entdecken ermöglicht hat. Zwischen diesen beiden soliden experimentellen Säulen ist die mathematische Argumentation wie das wunderbare Netz von Tausenden von Stahlstäben, die die elegante und durchsichtige Struktur der Brücke darstellen. Es ist das, und nichts anderes als das. Aber die Anordnung der Balken und Stäbe hätte anders sein können, und die Brücke - wenn auch vielleicht weniger leicht und anmutig - wäre immer noch in der Lage gewesen, die beiden Tatsachengruppen, auf denen sie ruht, miteinander zu verbinden.

Mit einem Wort, das mathematische Denken ist nur eine Art des Denkens in einer besonderen Sprache, von experimentellen Prämissen zu Schlussfolgerungen, die durch Erfahrung überprüfbar sind. Nun gibt es keine Sprache, die nicht in gewissem Maße in eine andere Sprache übersetzt werden kann. Selbst die Hieroglyphen Ägyptens mussten vor Champollion weichen. Ich bin daher überzeugt, dass die mathematischen Schwierigkeiten der Einsteinschen Theorien eines Tages durch einfachere und zugänglichere Formeln ersetzt werden. Ich glaube in der Tat, dass es schon jetzt möglich ist, mit gewöhnlichen

Worten eine vielleicht etwas oberflächliche, aber genaue und im Wesentlichen vollständige Vorstellung von dieser wunderbaren Einsteinschen Struktur zu vermitteln, die alle Errungenschaften der Wissenschaft wie in einem gut geordneten Museum zu einer neuen und großartigen Einheit zusammenfasst. Lassen Sie es uns versuchen.

Wir können die Geschichte des Ursprungs, des Ausgangspunkts von Einsteins System, in den folgenden wenigen Worten wieder aufnehmen.

1. Die Beobachtung der Sterne beweist, dass der interplanetare Raum nicht leer ist, sondern mit einem besonderen Medium, dem Äther, gefüllt ist, in dem sich die Lichtwellen bewegen.

2. Die Tatsache der Aberration und andere Phänomene scheinen zu beweisen, dass der Äther während seines Umlaufs um die Sonne nicht von der Erde verdrängt wird.

3. Das Experiment von Michelson scheint im Gegenteil zu beweisen, dass die Erde den Äther in ihrer Bewegung mit sich führt.

Dieser Widerspruch zwischen gleichwertigen Fakten hat die Physiker jahrelang zur Verzweiflung und zum Staunen gebracht. Er war der gordische Knoten der Wissenschaft. Lange und vergebliche Bemühungen wurden unternommen, um ihn zu lösen, bis schließlich Einstein ihn mit einem einzigen Schlag seiner bemerkenswert scharfen Intelligenz durchtrennte.

Um zu verstehen, wie das geschehen ist - und das ist der entscheidende Punkt von - müssen wir ein wenig zurückgehen und die genauen Bedingungen von Michelsons berühmtem Experiment untersuchen.

Im vorangegangenen Kapitel habe ich darauf hingewiesen, dass Michelson die Geschwindigkeit eines im Labor erzeugten Lichtstrahls untersuchen wollte, der entweder von Osten nach Westen oder von Westen nach Osten gerichtet ist, d.h. in die Richtung, in der sich die Erde selbst bewegt, mit einer Geschwindigkeit von etwa achtzehn Meilen pro Sekunde, während sie sich um die Sonne bewegt, oder in die entgegengesetzte Richtung. Tatsächlich war Michelsons Experiment etwas komplizierter als das, und wir müssen darauf zurückkommen.

Im Laboratorium sind vier Spiegel in gleichem Abstand zueinander und paarweise einander zugewandt angebracht. Zwei der gegenüberliegenden Spiegel sind in Ost-West-Richtung angeordnet, der Richtung, in der sich die Erde infolge ihres Umlaufs um die Sonne bewegt. Die beiden anderen sind in einer Ebene angeordnet, die senkrecht zu der vorhergehenden steht, der Nord-Süd-Richtung. Dann werden zwei Lichtstrahlen in den jeweiligen Richtungen der beiden Spiegelpaare gestartet. Der Strahl, der vom Spiegel im Osten kommt, geht zum Spiegel im Westen, wird von diesem reflektiert und kehrt zum ersten Spiegel zurück. Dieser Strahl ist so angeordnet, dass er den Weg des Lichts kreuzt, das von Norden nach Süden und zurück geht. Er interferiert mit dem letztgenannten Licht und verursacht "Interferenzstreifen", die es uns, wie gesagt, ermöglichen, die genaue Entfernung zu erfahren, die von den zwischen den Spiegelpaaren reflektierten Lichtstrahlen zurückgelegt wurde. Wenn etwas einen Unterschied in der Länge der beiden Entfernungen hervorrufen würde, würden wir sofort die Verschiebung einer bestimmten Anzahl von Interferenzstreifen sehen, und dies würde uns die Größe des Unterschieds geben.

Eine Analogie wird uns helfen, die Angelegenheit zu verstehen. Angenommen, ein heftiger stetiger Ostwind weht über London, und ein Flieger beabsichtigt, die Stadt etwa zwölf Meilen vom äußersten Westen nach Osten und zurück zu durchqueren: das heißt, er fliegt mit dem Wind auf dem Hinweg und gegen ihn auf dem Rückweg. Angenommen, ein anderer Flieger mit gleicher Geschwindigkeit will zur gleichen Zeit vom gleichen Startpunkt zu einem Punkt zwölf Meilen nördlich und zurück fliegen, so wird der zweite Flieger in beiden Richtungen rechtwinklig zur Windrichtung fliegen. Wenn die beiden zur gleichen

Zeit starten und sich vorstellen, dass sie sich sofort umdrehen, werden sie dann beide zusammen den Ausgangspunkt erreichen? Und wenn nicht, wer von ihnen wird seine doppelte Reise zuerst beendet haben?

Es ist klar, dass sie, wenn es keinen Wind gäbe, zusammen zurückkommen würden, da wir annehmen, dass sie beide vierundzwanzig Meilen mit der gleichen Geschwindigkeit zurücklegen, die wir grob mit 200 Yards pro Sekunde beziffern können.

Anders verhält es sich jedoch, wenn, wie ich postuliert habe, ein Wind von Ost nach West weht. Es ist leicht einzusehen, dass der Mann, der von Ost nach West fliegt, unter diesen Umständen länger für die Strecke braucht. Um das zu verdeutlichen, nehmen wir an, dass der Wind mit der gleichen Geschwindigkeit wie der Flieger weht (200 Meter pro Sekunde). Der Mann, der im rechten Winkel zum Wind fliegt, wird zwölf Meilen nach Westen geblasen, während er seine zwölf Meilen von Süden nach Norden zurücklegt. Er wird also *im Wind* eine reale Strecke zurückgelegt haben, die der Diagonale eines Quadrats von zwölf Meilen auf jeder Seite entspricht. Anstatt vierundzwanzig Meilen zu fliegen, wird er in Wirklichkeit vierunddreißig im Wind geflogen sein, dem Medium, in Bezug auf das er irgendeine Geschwindigkeit hat.

Andererseits wird der Flieger, der nach Osten fliegt, niemals sein Ziel erreichen, weil er in jeder Sekunde der Zeit in genau demselben Ausmaß nach Westen getrieben wird, wie er nach Osten fliegt. Er wird stehen bleiben. Um seine Reise zu vollenden, müsste er *im Wind* eine unendliche Strecke zurücklegen.

Wenn ich mir statt eines Windes, der die gleiche Geschwindigkeit wie der Flieger hat (eine extreme Annahme, um die Demonstration zu verdeutlichen), einen weniger schnellen Wind vorstellte, würden wir wiederum durch eine sehr einfache Berechnung feststellen, dass der Mann, der nach Norden und Süden fliegt, weniger Strecke im Wind zurücklegen muss als der Mann, der nach Osten und Westen fliegt.

Nehmen wir nun Lichtstrahlen anstelle von Fliegern, den Äther anstelle des Windes, und wir haben fast die Bedingungen des Michelson-Experiments. Eine Strömung oder ein Wind des Äthers - denn es wurde bereits gezeigt, dass der Äther in Bezug auf die Bewegung der Erde stationär ist - verläuft von einem zum anderen unserer Ost-West-Spiegel. Daher muss der Lichtstrahl, der zwischen diesen beiden Spiegeln hin und her geht, eine längere Strecke im Äther zurücklegen als der Strahl, der vom Südspiegel zum Nordspiegel und zurück geht. Wie aber soll man diesen Unterschied feststellen? Er ist sicherlich sehr gering, denn die Geschwindigkeit der Erde ist zehntausendmal kleiner als die Lichtgeschwindigkeit.

Es gibt ein sehr einfaches Mittel, um dies zu tun: eine jener genialen Vorrichtungen, die Physiker lieben, eine Differentialvorrichtung, die so elegant und präzise ist, dass wir volles Vertrauen in das Ergebnis haben.

Nehmen wir an, dass unsere vier Spiegel starr in einer Art quadratischem Rahmen befestigt sind, ähnlich den "Glücksrädern" mit Zahlen darauf, die man auf Jahrmärkten sieht. Nehmen wir an, dass wir diesen Rahmen nach Belieben drehen können, ohne dass er ruckelt oder sich verschiebt, was nicht schwer ist, wenn er in einem Quecksilberbad schwimmt. Dann nehme ich eine Linse und beobachte die permanenten Interferenzstreifen, die den Unterschied zwischen den von meinen beiden Lichtstrahlen in Nord-Süd- und Ost-West-Richtung durchlaufenen Bahnen definieren. Dann drehe ich, ohne die Streifen aus den Augen zu verlieren, den Rahmen um einen Viertelkreis. Durch diese Drehung werden die Spiegel, die in Ost-West-Richtung lagen, zu Nord-Süd-Spiegeln und *umgekehrt*. Der doppelte Weg, den der Nord-Süd-Lichtstrahl zurückgelegt hat, hat nun die Richtung Ost-West angenommen und ist daher plötzlich verlängert worden; der doppelte Weg des Ost-West-Lichtstrahls ist zu Nord-Süd geworden und hat sich plötzlich verkürzt. Die Interferenzstreifen, die den plötzlich veränderten Längenunterschied zwischen den beiden Wegen anzeigen, müssen notwendigerweise verschoben werden, und zwar, wie wir berechnen können, in nicht geringem Maße.

Nun, wir finden keinerlei Veränderung! Die Fransen bleiben unverändert. Sie sind so unbeweglich wie Baumstümpfe. Es ist verwirrend, fast möchte man sagen, abstoßend, denn die Feinheit des Apparates ist so, dass, selbst wenn die Erde sich mit einer Geschwindigkeit von nur drei Kilometern pro Sekunde durch den Äther bewegen würde (oder zehnmal weniger als ihre tatsächliche Geschwindigkeit), die Verschiebung der Streifen ausreichen würde, um die Geschwindigkeit anzuzeigen.

Als das negative Ergebnis dieses Experiments bekannt gegeben wurde, herrschte unter den Physikern der Welt so etwas wie Bestürzung. Da der Äther nicht von der Erde getragen wurde, wie die Beobachtung ergeben hatte, wie konnte er sich dann so verhalten, als würde er die Bewegung der Erde teilen? Es war ein chinesisches Rätsel. Mehr als ein ehrwürdiger grauer Kopf war daran verzweifelt.

Es war absolut notwendig, einen Ausweg aus diesem unerklärlichen Widerspruch zu finden, um diesen paradoxen Spott zu beenden, den die Fakten den strengsten Berechnungsergebnissen entgegenzusetzen schienen. Dies ist den Wissenschaftlern gelungen. Und wie? Mit der Methode, die in solchen Fällen üblicherweise angewandt wird - mit Hilfe von ergänzenden Hypothesen. Hypothesen sind in der Wissenschaft eine Art weicher Zement, der an der Luft schnell aushärtet und es uns ermöglicht, die einzelnen Blöcke des Bauwerks zusammenzufügen und die durch Geschosse entstandenen Risse in der Mauer mit künstlichem Material aufzufüllen, das der oberflächliche Betrachter sofort mit Stein verwechselt. Weil Hypothesen in der Wissenschaft etwas Ähnliches sind, sind die besten wissenschaftlichen Theorien diejenigen, die die wenigsten Hypothesen enthalten.

Aber es ist falsch, in diesem Zusammenhang den Plural zu verwenden. Am Ende hat sich herausgestellt, dass eine einzige Hypothese das negative Ergebnis des Michelson-Experiments gut erklärt. Das ist übrigens eine seltene und bemerkenswerte Erfahrung. Normalerweise schießen Hypothesen in jeder dunklen Ecke der Wissenschaft wie Pilze aus dem Boden. Man bekommt eine Menge davon, um die kleinste Unklarheit zu erklären.

Diese einzige Hypothese, die in der Lage zu sein schien, die Physiker aus dem Dilemma zu befreien, in das Michelson sie gebracht hatte, wurde zuerst von dem bedeutenden irischen Mathematiker Fitzgerald aufgestellt und dann von dem berühmten holländischen Physiker Lorentz, dem Poincaré von Holland, einem der brillantesten Denker unserer Zeit, aufgegriffen und weiterentwickelt. Einstein wäre ohne ihn ebenso wenig berühmt geworden wie Kepler ohne Kopernikus und Tycho Brahe.

Sehen wir uns nun an, was diese ebenso seltsame wie einfache Fitzgerald-Lorentz-Hypothese wirklich ist.

Wir müssen jedoch zunächst einen Blick auf eine Vorfrage von einiger Bedeutung werfen. Einige fähige Männer haben erklärt, dass das Ergebnis des Michelson-Experiments *a priori* nur negativ sein kann. Das klassische Relativitätsprinzip, das schon Galilei und Newton kannten, besagt, dass es für einen Beobachter, der an der Bewegung eines Fahrzeugs teilnimmt, unmöglich ist, die Bewegung dieses Fahrzeugs anhand von Fakten festzustellen, die er beobachtet, während er sich darin befindet. Wenn also zwei Schiffe oder zwei Züge aneinander vorbeifahren,[4] können die Passagiere nicht sagen, welches der beiden Fahrzeuge sich bewegt oder schneller fährt. Alles, was sie wahrnehmen können, ist die relative Geschwindigkeit der Züge oder Schiffe.

Die Wissenschaftler, auf die ich mich bezogen habe, sagen, dass, wenn Michelsons Experiment ein positives Ergebnis gehabt hätte, es uns die absolute Geschwindigkeit der Erde im Raum gegeben hätte. Dieses Ergebnis hätte dem Relativitätsprinzip der klassischen Philosophie und Mechanik widersprochen, das eine selbstverständliche Wahrheit ist. Daher konnte das Ergebnis nur negativ sein.

Dies ist, wie wir sehen werden, zweideutig. Es gibt, wenn ich so sagen darf, einen Fehler in der Argumentation, der selbst angesehenen Wissenschaftlern wie Professor Eddington, dem gelehrtesten der englischen Einsteinianer, entgangen ist. Er war es, der die Beobachtungen der Sonnenfinsternis vom 29. Mai 1919 organisierte, die, wie wir sehen werden, die eindrucksvollste Bestätigung für Einsteins Schlussfolgerungen geliefert haben.

Hätte Michelsons Experiment ein positives Ergebnis gehabt, hätte es in erster Linie die Geschwindigkeit der Erde im Verhältnis zum Äther angezeigt. Damit es sich aber um eine absolute Geschwindigkeit handelt, müsste der Äther mit dem Raum identisch sein. Dies ist so weit davon entfernt, notwendig zu sein, dass wir uns leicht einen Raum - oder besser gesagt, eine Diskontinuität - zwischen zwei Sternen vorstellen können, der keinen Äther enthält und durch den sich weder Licht noch irgendeine andere bekannte Form von Energie bewegen würde.

Wenn Eddington sagt, dass es "legitim und vernünftig" sei, dass es "den fundamentalen Naturgesetzen innewohnt", dass wir keine Bewegung von Körpern in Bezug auf den Äther feststellen können, und dass dies sicher sei, "selbst wenn die experimentellen Beweise unzureichend sind", dann behauptet er etwas, das nur dann offensichtlich wäre, wenn Raum und Äther offensichtlich identisch wären. Dies ist aber bei weitem nicht der Fall. Wenn Michelsons Experiment ein positives Ergebnis gehabt hätte, wenn wir eine Geschwindigkeit auf der Erde entdeckt hätten, hätten wir dann eine Geschwindigkeit in Bezug auf einen absoluten Standard entdecken müssen? Sicherlich nicht. Es ist durchaus möglich, dass das uns bekannte Sternenuniversum mit seinen Hunderttausenden von Galaxien, für deren Durchquerung das Licht Millionen von Jahren braucht, in einer Ätherkugel enthalten ist, die in einem ätherlosen Abgrund rollt und hier und da mit anderen Universen, anderen riesigen Äthertropfen, übersät ist, aus denen uns kein Lichtstrahl oder sonst etwas je erreichen kann. Es ist jedenfalls nicht unvorstellbar. Und in diesem Fall, unter der Annahme, dass der Äther die Eigenschaften hat, die ihm die klassische Physik zuschreibt, hätten wir, selbst wenn wir die

Bewegung der Erde in Bezug auf ihn festgestellt hätten, keine absolute Bewegung entdeckt, sondern höchstens eine Bewegung in Bezug auf den Schwerpunkt unseres besonderen Universums, einen Standard, den wir nicht auf einen anderen beziehen könnten, der absolut stationär wäre. Das klassische Relativitätsprinzip würde nicht verletzt werden.

Was auch immer gegenteilig behauptet wurde, die Frage des Michelson-Experiments konnte in diesen Hypothesen entweder positiv oder negativ sein, ohne dass dies dem klassischen Relativismus schadete. In der Tat war es negativ, so dass nichts weiter gesagt werden muss. Das Experiment hat sich geäußert, und nur es hatte das Recht, sich zu äußern.

Diese Unterscheidungen waren Poincaré nicht unbekannt, und er schrieb: "Unter der wirklichen Geschwindigkeit der Erde verstehe ich nicht ihre absolute Geschwindigkeit, die bedeutungslos ist, sondern ihre Geschwindigkeit in Bezug auf den Äther." Die Möglichkeit der Existenz einer Geschwindigkeit, die in Bezug auf den Äther feststellbar ist, wurde von Poincaré also nicht als Absurdität betrachtet. Er sagte: "Wer vom absoluten Raum spricht, benutzt ein Wort, das keine Bedeutung hat."

Es ist erwähnenswert, dass die Entwicklung der Ideen von Poincaré bei all dem ein gewisses Zögern erkennen lässt. Als er von Experimenten sprach, die denen von Michelson entsprechen, sagte er:

"Ich weiß, man wird sagen, dass wir nicht seine absolute Geschwindigkeit messen, sondern seine Geschwindigkeit im Verhältnis zum Äther. Das ist kaum befriedigend. Ist es nicht klar, dass wir, wenn wir das Prinzip auf diese Weise auffassen, keinerlei Schlussfolgerungen daraus ziehen können?"

Daraus ist ersichtlich, dass Poincaré trotz seiner Bemühungen, dies zu vermeiden, die Unterscheidung zwischen Raum und Äther "kaum zufriedenstellend" fand.

Ich muss zugeben, dass mir das Argument von Poincaré nicht ganz zufriedenstellend oder zumindest nicht überzeugend erscheint. "Die Natur", sagt Fresnel, "kümmert sich nicht um analytische Schwierigkeiten". Ich denke, dass sie sich genauso wenig um philosophische oder rein physikalische Schwierigkeiten kümmert. Es ist kaum ein unanfechtbares Kriterium, anzunehmen, dass eine Vorstellung von den Phänomenen umso näher an der Realität ist, je "befriedigender" sie für ist oder je besser sie der Schwäche des menschlichen Geistes angepasst ist. Andernfalls müssten wir wohl oder übel annehmen, dass das Universum notwendigerweise an die Kategorien des Verstandes angepasst ist; dass es so beschaffen ist, dass es uns möglichst wenig intellektuelle Schwierigkeiten bereitet. Das wäre eine seltsame Rückkehr zum anthropozentrischen Finalismus und zur Einbildung! Die Tatsache, dass Fahrzeuge dort nicht durchfahren und Fußgänger umkehren müssen, beweist nicht, dass es in unseren Städten keine Durchgangsstraßen gibt. Es ist möglich, ja sogar wahrscheinlich, dass auch das Universum, als Objekt der Wissenschaft betrachtet, seine Durchfahrtsverbotszonen hat.

Natürlich kann man mir entgegnen, dass nicht das Universum an unseren Geist angepasst ist, sondern der Geist an das Universum, das sich im Laufe der Evolution ihrer Beziehungen zueinander angepasst hat. Der Geist muss sich in seiner Entwicklung an das Universum anpassen, in Übereinstimmung mit dem von Fermat formulierten Prinzip der minimalen Aktion: vielleicht das tiefgreifendste Prinzip der physikalischen, biologischen und moralischen Welt. In dieser Hinsicht sind die einfachsten und sparsamsten Ideen der Realität am nächsten.

Ja, aber welche Beweise gibt es dafür, dass unsere geistige Entwicklung vollständig und perfekt ist, vor allem wenn es sich um Phänomene handelt, für die unser Organismus unempfänglich ist?

Das Experiment allein hat bewiesen und hatte das Recht zu beweisen, dass es unmöglich ist, die Geschwindigkeit eines Objekts relativ zum Äther zu messen. Auf jeden Fall ist dies nun geklärt. Denn da es offensichtlich in der Natur der Sache liegt, dass wir eine absolute Bewegung nicht feststellen können, liegt es dann nicht daran, dass die Geschwindigkeit der Erde in Beziehung zum Äther eine absolute Geschwindigkeit ist, dass wir sie nicht feststellen konnten? Möglicherweise; aber es kann nicht bewiesen werden. Wenn es so ist - was keineswegs sicher ist -, dann ist es letztlich die *Erfahrung*, die einzige Quelle der Wahrheit, die damit indirekt beweist, dass der Äther wirklich mit dem Raum identisch ist. Dann aber wäre ein Raum ohne Äther oder ein Raum mit Ätherkugeln nicht mehr denkbar, und es kann nichts anderes geben als eine einzige Äthermasse mit darin schwebenden Sternen. Mit einem Wort, das negative Ergebnis des Michelson-Experiments konnte nicht *a priori* aus der problematischen Identität von absolutem Raum und Äther abgeleitet werden; aber dieses negative Ergebnis rechtfertigt nicht, die Identität *a posteriori* zu leugnen.

Kehren wir zu unserem eigentlichen Thema zurück, der Fitzgerald-Lorentz-Hypothese, die den Ausgang des Michelson-Experiments erklärt und die in gewisser Weise das Sprungbrett für Einsteins Sprung war. Die Hypothese lautet wie folgt.

Das Ergebnis des Experiments ist, dass der Weg eines Lichtstrahls zwischen zwei Spiegeln, wenn er quer zur Bewegung der Erde durch den Äther verläuft und dann parallel zur Bewegung der Erde gemacht wird, eigentlich länger sein müsste, aber nicht länger wird. Nach Fitzgerald und Lorentz liegt das daran, dass sich die beiden Spiegel im zweiten Teil des Experiments einander angenähert haben. Anders ausgedrückt: Der Rahmen, in dem die Spiegel fixiert waren, zog sich in Richtung der Erdbewegung zusammen, und diese Kontraktion war so groß, dass sie genau die Verlängerung des Weges des Lichtstrahls kompensierte, die wir eigentlich hätten feststellen müssen.

Wenn wir das Experiment mit verschiedenen Geräten wiederholen, stellen wir fest, dass das Ergebnis immer dasselbe ist (keine Verschiebung der Streifen). Daraus folgt, dass die Beschaffenheit des Materials, aus dem das Instrument besteht - Metall, Glas, Stein, Holz usw. -, nichts mit dem Ergebnis zu tun hat. Daher erfahren alle Körper eine gleiche und ähnliche Kontraktion in Richtung ihrer Geschwindigkeit relativ zum Äther. Diese Kontraktion ist so groß, dass sie die Verlängerung des Weges der Lichtstrahlen zwischen zwei Punkten des Apparates genau ausgleicht. Mit anderen Worten, die Kontraktion ist umso größer, je größer die Geschwindigkeit der Körper relativ zum Äther ist.

Das ist die von Fitzgerald vorgeschlagene Erklärung. Sie erschien zunächst sehr seltsam und willkürlich, aber es gab offenbar keine andere Möglichkeit, das Ergebnis von Michelsons Experiment zu erklären.

Wenn man darüber nachdenkt, stellt man außerdem fest, dass diese Kontraktion weniger außergewöhnlich, weniger verblüffend ist, als es der gesunde Menschenverstand zunächst vermuten lässt. Wenn wir einen nicht starren Gegenstand, wie zum Beispiel einen dieser kleinen Bälle, mit denen Kinder spielen, schnell gegen ein Hindernis werfen, sehen wir, dass er an der Oberfläche durch das Hindernis leicht eingedrückt wird, genau im gleichen Sinne wie die Fitzgerald-Lorentz-Kontraktion. Der Ball ist nicht mehr rund. Sie ist ein wenig abgeflacht, so dass sich ihr Durchmesser in Richtung des Hindernisses verkürzt. Ein ähnliches Phänomen, wenn auch in einer heftigeren Form, haben wir, wenn ein Geschoss auf ein Ziel aufschlägt. Wenn also feste Körper auf diese Weise verformbar sind - und das sind sie, denn Kälte reicht aus, um ihre Moleküle stärker zu konzentrieren -, dann ist es nicht abwegig oder unmöglich anzunehmen, dass ein heftiger Ätherwind sie aus der Form drücken kann.

Aber es ist weit weniger einfach zuzugeben, dass diese Veränderung unter den gegebenen Bedingungen für alle Körper, unabhängig von dem Material, aus dem sie bestehen, genau gleich sein kann. Der kleine Ball, von dem wir sprachen, würde keineswegs so stark abgeflacht werden, wenn er aus Stahl statt aus Gummi wäre.

Außerdem enthält diese Erklärung etwas sehr Unwahrscheinliches, etwas, das sowohl unseren gesunden Menschenverstand als auch die Karikatur davon, die wir gesunden Menschenverstand nennen, erschüttert. Ist es möglich, zuzugeben, dass die Kontraktion von Körpern immer genau den optischen Effekt kompensiert, den wir suchen, unabhängig von den Bedingungen des Experiments (und sie wurden stark variiert)? Kann man zugeben, dass die Natur mit uns ein Versteckspiel treibt? Durch welchen geheimnisvollen Zufall kann es einen besonderen Umstand geben, der jedes Phänomen vorsehungsgemäß und genau ausgleicht?

Es ist klar, dass es eine Affinität, eine verborgene Verbindung zwischen dieser mysteriösen materiellen Kontraktion von Fitzgerald und der Verlängerung des Lichtweges geben muss, für die sie kompensiert. Wir werden gleich sehen, wie Einstein das Geheimnis erhellt, den Mechanismus aufgedeckt hat, der die beiden Phänomene miteinander verbindet, und ein breites und brillantes Licht auf das ganze Thema geworfen hat. Aber wir dürfen nicht vorgreifen.

Die Kontraktion des Geräts in Michelsons Experiment ist äußerst gering. Sie ist so gering, dass, wenn die Länge des Instruments dem Durchmesser der Erde entspräche - also 8.000 Meilen -, es in Richtung der Erdbewegung um nur sechseinhalb Zentimeter verkürzt würde! Mit anderen Worten: Die Kontraktion wäre viel zu gering, um im Labor überhaupt messbar zu sein.

Dafür gibt es einen weiteren Grund. Selbst wenn Michelsons Apparat um einige Zentimeter verkürzt würde, d.h. wenn die Erde sich tausendmal so schnell wie um die Sonne bewegen würde, könnten wir das nicht feststellen und messen. Die Messstangen, die wir zu diesem Zweck verwenden würden, würden sich im gleichen Verhältnis zusammenziehen. Die Verformung eines beliebigen Objekts durch eine Fitzgerald-Lorentz-Kontraktion könnte von keinem Beobachter auf der

Erde festgestellt werden. Sie könnte nur von einem Beobachter entdeckt werden, der nicht an der Bewegung der Erde teilnimmt: einem Beobachter auf der Sonne zum Beispiel oder auf einem sich langsam bewegenden Planeten wie Jupiter oder Saturn.

Mikromegas hätte, bevor er seinen Planeten verließ, um uns zu besuchen, mit optischen Mitteln feststellen können, dass unser Globus in Richtung seiner Bahnbewegung um einige Zoll verkürzt ist; vorausgesetzt, Voltaires genialer Held wäre mit einem trigonometrischen Apparat ausgestattet, der unendlich feiner ist als der, den unsere Landvermesser und Astronomen benutzen. Aber als er die Erde erreichte, wäre es Mikromegas mit all seinen präzisen Geräten unmöglich gewesen, die Kontraktion zu entdecken. Er wäre sehr überrascht gewesen - bis er Einstein traf und, wie wir hören werden, die Erklärung des Geheimnisses erfuhr.

Ich habe leider weder die Zeit noch den Raum - gerade hier ist der Raum relativ und wird durch den Fluss der Feder ständig verkürzt -, um den Dialog wiederzugeben, der zwischen Micromegas und Einstein stattgefunden hätte. Vielleicht wäre der Dialog, wenn wir dem Voltaire'schen Original treu bleiben wollen, sogar sehr oberflächlich gewesen, denn ich glaube - im Vertrauen gesagt -, dass Voltaire Newton nie ganz verstanden hat, obwohl er viel über ihn schrieb, und Newton war weniger schwer zu verstehen als Einstein. Mme. du Châtelet hat ihn auch nicht verstanden, trotz all der Lobeshymnen, die über ihre Übersetzung der unsterblichen *Principia* ausgeschüttet wurden. Sie wimmelt von sinnlosen Passagen, die zeigen, dass sie, ob sie nun Latein konnte oder nicht, Newton nicht verstanden hat. Aber all das ist eine andere Geschichte, wie Kipling sagen würde.

Die Bewegung des Apparates im Äther variiert in ihrer Geschwindigkeit je nach der Stunde und dem Monat, in dem die Michelson- und ähnlichen Experimente durchgeführt werden. Da die Kompensation immer genau ist, können wir versuchen, das genaue Gesetz zu berechnen, das die Kontraktion als Funktion der Geschwindigkeiten regelt und sie, wie wir finden, zu einer genauen

Kompensation für die letzteren macht. Lorentz hat dies getan. Nimmt man V als die Lichtgeschwindigkeit und v als die Geschwindigkeit des Körpers, der sich im Äther bewegt, so hat Lorentz herausgefunden, dass, um in allen Fällen eine Kompensation zu haben, die Länge des sich bewegenden Körpers in der Ebene seiner Fortbewegung verkürzt werden muss, und zwar im Verhältnis

$$1 \text{ to } \sqrt{\left(1 - \frac{v^2}{V^2}\right)}.$$

Nehmen wir zur Veranschaulichung den Fall der Erdumlaufbahn, bei der v gleich dreißig Kilometer ist, so stellen wir fest, dass sich die Erde in der Ebene ihrer Umlaufbahn in dem Verhältnis

$$1 \text{ to } \sqrt{\left(1 - \frac{1}{100{,}000{,}000}\right)}.$$

Die Differenz zwischen diesen beiden Zahlen ist $^1/_{200{,}000000}$, und der zweihundertmillionste Teil des Erddurchmessers ist gleich 6½ Zentimetern. Das ist die Zahl, die wir bereits gefunden hatten.

Diese Formel, die den Wert der Kontraktion in allen Fällen angibt, ist elementar. Selbst der Ungeübte kann die Bedeutung dieser Formel leicht erkennen. Sie ermöglicht es uns, das Ausmaß der Kontraktion für jede Geschwindigkeitsrate zu berechnen. Daraus lässt sich leicht ableiten, dass sich die Erde bei einer Bahnbewegung von nicht 30, sondern 260.000 Kilometern pro Sekunde in der Bewegungsebene um die Hälfte ihres Durchmessers verkürzen würde (ohne dass sich ihre Abmessungen in der Senkrechten ändern). Bei dieser Geschwindigkeit wird eine Kugel zu einem abgeflachten Ellipsoid, bei dem die kleine Achse nur noch halb so lang ist wie die große Achse; ein Quadrat wird zu einem Rechteck, bei dem die zur Bewegung parallele Seite doppelt so klein ist wie die andere.

Diese Verformungen wären für einen unbewegten Betrachter sichtbar, aber für einen Beobachter, der die Bewegung mitmacht, aus dem bereits genannten Grund nicht wahrnehmbar. Die Messstäbe und -instrumente und sogar das Auge des Beobachters würden sich gleichermaßen und gleichzeitig verändern.

Denken Sie an die Zerrspiegel, die man manchmal in Vergnügungslokalen sieht. Einige zeigen dir ein stark verlängertes Bild von dir, ohne deine Breite zu verändern. Andere zeigen Sie in normaler Höhe, aber grotesk vergrößert in der Breite. Versuchen Sie nun, Ihre Größe und Breite mit einem Zollstock zu messen, wie sie in diesen deformierten Spiegelbildern angegeben sind. Wenn Ihre wirkliche Höhe 5 Fuß 6 Zoll und Ihre wirkliche Breite 2 Fuß beträgt, wird der Zollstock, wenn Sie ihn auf die seltsame Reflexion von Ihnen selbst im Glas anwenden, Ihnen lediglich sagen, dass diese Figur 5 Fuß 6 Zoll hoch und 2 Fuß breit ist. Der Zollstock, wie er im Spiegel gesehen wird, erfährt die gleiche Verzerrung wie Sie selbst.

Selbst wenn die Erdkugel die phantastische Geschwindigkeit hätte, die wir oben angedeutet haben, könnten ihre Bewohner nicht feststellen, dass sie und die Erde in der Ebene von Ost nach West um die Hälfte verkürzt wären. Ein Mann von 5 Fuß 6 Zoll Größe, der in einem großen quadratischen Bett in Nord-Süd-Richtung liegt und dann seine Position in Ost-West-Richtung ändert, würde, ohne es zu merken, seine Länge auf 2 Fuß 9 Zoll reduzieren. Gleichzeitig würde er doppelt so dick werden wie vorher, weil seine Breite vorher von Osten nach Westen ausgerichtet war. Aber die Erde bewegt sich nur mit einer Geschwindigkeit von dreißig Kilometern pro Sekunde, und ihre gesamte Kontraktion ist nur eine Sache von wenigen Zentimetern.

Im Gegensatz zur Erdgeschwindigkeit beträgt die Geschwindigkeit unserer schnellsten Verkehrsmittel nur einen Bruchteil eines Kilometers pro Sekunde. Ein Flugzeug mit einer Geschwindigkeit von 360 Kilometern pro Stunde hat eine Geschwindigkeit von nur 100 Metern pro Sekunde. Daher kann die maximale Fitzgerald-Lorentz-Kontraktion unserer schnellsten Maschinen nur einen so winzigen

Bruchteil eines Zolls betragen, dass sie für uns völlig unmerklich ist. Das ist der Grund - der einzige Grund -, warum die festen Gegenstände, mit denen wir vertraut sind, eine konstante Form zu behalten scheinen, egal mit welcher Geschwindigkeit sie vor unseren Augen vorbeiziehen. Es wäre ganz anders, wenn ihre Geschwindigkeit hunderttausendmal größer wäre.

All das ist sehr seltsam, sehr überraschend, sehr fantastisch, sehr schwer zuzugeben. Und doch ist es eine Tatsache, wenn es diese Fitzgerald-Lorentz-Kontraktion wirklich gibt, die sich bisher als die einzig mögliche Erklärung für das Michelson-Experiment erwiesen hat. Aber wir haben bereits einige der Schwierigkeiten gesehen, die wir bei der Annahme der Existenz dieser Kontraktion haben.

Es gibt noch andere. Wenn all das, was wir gerade gesagt haben, wahr ist, würden nur Objekte, die im Äther stationär sind, ihre wahre Form beibehalten, denn die Form wird verändert, sobald es eine Bewegung durch den Äther gibt. Unter den Gegenständen, die wir in der materiellen Welt für kugelförmig halten (Planeten, Sterne, Geschosse, Wassertropfen usw.), gäbe es also einige, die wirklich Kugeln sind, während andere aufgrund der Geschwindigkeit oder Langsamkeit ihrer Bewegungen nur verlängerte oder abgeflachte Ellipsoide wären, deren Form durch ihre Geschwindigkeit verändert wird. Unter den verschiedenen quadratischen Objekten wären einige wirklich quadratisch, während andere, , die sich mit unterschiedlichen Geschwindigkeiten relativ zum Äther bewegen, eher Rechtecke wären, die an ihren längeren Seiten aufgrund ihrer Geschwindigkeit verkürzt wären. Und es wird angenommen, dass wir keine Möglichkeit hätten zu wissen, welche dieser Objekte, die sich mit unterschiedlichen Geschwindigkeiten bewegen, wirklich so geformt sind, wie wir denken, und welche anders geformt sind, weil wir, wie das Michelson-Experiment beweist, keine Geschwindigkeit relativ zum Äther feststellen können.

Das können wir nicht glauben, sagen die Relativisten. Es gibt zu viele Schwierigkeiten in dieser Angelegenheit. Warum spricht man ständig, wie Lorentz es tut, von Geschwindigkeiten in Bezug auf den Äther, wenn kein Experiment eine solche Geschwindigkeit nachweisen kann, das Experiment aber die einzige Quelle der wissenschaftlichen Wahrheit ist? Warum andererseits zugeben, dass einige der Objekte, die wir wahrnehmen, das Privileg haben, uns in ihrer wirklichen Form, ohne Veränderung, zu erscheinen, während andere das nicht tun? Warum sollte man so etwas zugeben, wo es doch von Natur aus dem Geist der Wissenschaft widerspricht, die sich immer gegen Ausnahmen in der Natur wendet - die Wissenschaft befasst sich nur mit allgemeinen Gesetzen -, besonders wenn die Ausnahmen nicht wahrnehmbar sind?

Das war der Stand der Dinge - sehr fortgeschritten vom Standpunkt des mathematischen Ausdrucks der Phänomene, aber sehr verworren, trügerisch, widersprüchlich und mühsam vom physikalischen Standpunkt aus - als "endlich Malherbe kam" ... Ich meine Einstein.

KAPITEL III

EINSTEINS LÖSUNG

Vorläufige Ablehnung des Äthers - Relativistische Interpretation des Michelson-Experiments - Neuer Aspekt der Lichtgeschwindigkeit - Erklärung der Kontraktion bewegter Körper - Zeit und die vier Dimensionen des Raums - Einsteins "Intervall" als einzige materielle Realität.

Einsteins erster Akt intelligenter Kühnheit bestand darin, dass er, ohne den Äther in die Kategorie jener veralteten Flüssigkeiten wie Phlogiston und Tiergeist zu verbannen, die die Wege der Wissenschaft bis zum Erscheinen von Lavoisier versperrten, - ohne dem Äther jede Realität abzusprechen, denn es muss eine Art von Unterstützung für die Strahlen geben, die uns von der Sonne erreichen -, feststellte, dass es bei allem, was wir bisher gesehen haben, immer um Geschwindigkeiten relativ zum Äther geht.

Wir haben keinerlei Mittel, um solche Geschwindigkeiten festzustellen, und vielleicht wäre es einfacher, diese Entität, ob real oder nicht, aus unserer Argumentation herauszulassen, da sie unzugänglich ist und nur die nutzlose und lästige Rolle des fünften Rads des elektromagnetischen Wagens spielt, wenn die Physiker auf den Spuren ihrer Schwierigkeiten vorankommen.

Der erste Punkt ist also: Einstein beginnt, indem er den Äther vorläufig aus seiner Argumentation ausklammert. Er leugnet seine Existenz weder, noch bejaht er sie. Er beginnt damit, ihn zu ignorieren.

Wir werden nun seinem Beispiel folgen. Wir werden im Verlauf unserer Demonstration nicht mehr über das Medium sprechen, in dem sich das Licht bewegt. Wir werden das Licht nur in Bezug auf die Wesen oder materiellen Objekte betrachten, die es aussenden oder empfangen. Wir werden feststellen, dass unser Fortschritt sofort viel einfacher wird. Für den Augenblick werden wir den Äther der Physiker in die Schublade des nutzlosen Zubehörs verbannen, zusammen mit dem sanften, formlosen, vagen - aber künstlerisch so wertvollen - Äther der Dichter.

Kurz gesagt, was beweist Michelsons Experiment? Nur, dass sich ein Lichtstrahl auf der Erdoberfläche von Westen nach Osten mit genau der gleichen Geschwindigkeit bewegt wie von Osten nach Westen. Stellen wir uns zwei gleichartige Kanonen in der Mitte einer Ebene vor, die beide im selben Moment bei ruhigem Wetter abgefeuert werden und ihre Geschosse mit der gleichen Anfangsgeschwindigkeit abfeuern, aber eine in Richtung Westen und die andere in Richtung Osten. Es ist klar, dass die beiden Geschosse die gleiche Zeit benötigen, um einen gleich großen Raum zu durchqueren, wobei das eine in Richtung Westen und das andere in Richtung Osten fliegt. Die Lichtstrahlen, die wir auf der Erde erzeugen, verhalten sich in dieser Hinsicht, was ihren Weg angeht, genau wie die Muscheln. Das Ergebnis des Michelson-Experiments wäre also nicht überraschend, wenn wir nur wüssten, was uns die Erfahrung über die Lichtstrahlen sagt.

Aber treiben wir den Vergleich noch weiter. Betrachten wir die von einem der Geschütze abgefeuerte Granate und stellen wir uns vor, dass sie ein Ziel an einer bestimmten Stelle trifft und dass die Restgeschwindigkeit der Granate, wenn sie das Ziel erreicht, sagen wir fünfzig Meter pro Sekunde beträgt. Ich stelle mir vor, dass das Ziel auf einem Motorschlepper montiert ist. Wenn dieser stillsteht, beträgt die Geschwindigkeit der Granate im Verhältnis zum Ziel, wie gesagt, fünfzig Meter pro Sekunde am Aufschlagspunkt. Nehmen wir aber an, dass sich der Traktor und die Zielscheibe ( ) mit einer Geschwindigkeit von beispielsweise zehn Metern pro Sekunde auf das Geschütz zubewegen, so dass die Zielscheibe genau in dem Moment, in dem die Granate auf sie trifft, in ihre vorherige Position gelangt. Es ist klar, dass die Geschwindigkeit der Granate relativ zum Ziel im Moment des Aufpralls nicht mehr fünfzig Meter, sondern 50 + 10 = 60 Meter pro Sekunde beträgt. Es ist ebenso klar, dass die Geschwindigkeit auf 50-10 = 40 Meter pro Sekunde sinkt, wenn (unter sonst gleichen Bedingungen) das Ziel sich von der Kanone wegbewegt, anstatt sich ihr zu nähern. Wäre im letzteren Fall die Geschwindigkeit des Ziels gleich der des Geschosses, wäre die Relativgeschwindigkeit des Geschosses natürlich gleich *Null*.

So viel ist klar. So können Jongleure in den Varietés Eier auffangen, die aus der Höhe auf Teller fallen, ohne sie zu zerbrechen. Es genügt, dem Teller im Augenblick der Berührung eine leichte Abwärtsgeschwindigkeit zu geben, die die Geschwindigkeit des Stoßes um so viel geringer macht. Auf diese Weise machen auch geübte Boxer vor einem Schlag eine Rückwärtsbewegung und vermindern so dessen Wirkungskraft, während der Schlag umso härter ist, je weiter sie vorrücken, um ihn zu treffen.

Wenn sich die Lichtstrahlen in jeder Hinsicht wie die Muscheln verhielten, wie es im Michelson-Experiment der Fall ist, was wäre dann das Ergebnis? Wenn man sich einem Lichtstrahl sehr schnell nähert, müsste man feststellen, dass seine Geschwindigkeit relativ zum Beobachter zunimmt und sich verringert, wenn der Beobachter vor ihm zurückweicht. Wenn dies der Fall wäre, wäre alles einfach; die Gesetze der Optik wären dieselben wie die der Mechanik; es gäbe keinen Widerspruch, der Zwietracht im friedlichen Heer unserer Physiker säen könnte, und Einstein hätte die Ressourcen seines Genies auf andere Dinge verwenden müssen.

Leider - vielleicht sollten wir sagen zum Glück, denn schließlich ist es das Unvorhergesehene und das Geheimnisvolle, das den Reiz der Welt ausmacht ( ) - ist dies nicht der Fall. Sowohl physikalische als auch astronomische Beobachtungen zeigen, dass unter allen Bedingungen, wenn ein Beobachter sich schnell auf leuchtende Wellen zubewegt oder sich schnell von ihnen entfernt, diese immer die gleiche

Geschwindigkeit relativ zu ihm aufweisen. So gibt es am Himmel Sterne, die sich von uns entfernen, und Sterne, die sich uns nähern, d. h. Sterne, von denen wir uns entfernen oder denen wir uns nähern, und zwar mit einer Geschwindigkeit von zehn, in manchen Fällen sogar hunderten von Meilen pro Sekunde. Ein Astronom, de Sitter, hat jedoch bewiesen, dass die Geschwindigkeit des Lichts, das uns erreicht, für uns immer genau die gleiche ist.

So hat es sich bis heute als völlig unmöglich erwiesen, dass wir durch irgendeine Vorrichtung oder Bewegung die Geschwindigkeit, mit der uns ein Lichtstrahl erreicht, auch nur im Geringsten erhöhen oder vermindern können. Der Beobachter stellt fest, dass die Geschwindigkeit des Lichts im Verhältnis zu ihm immer genau die gleiche ist, unabhängig davon, ob das Licht von einer Quelle kommt, die sich ihm schnell nähert oder sich von ihm entfernt, ob er sich ihr nähert oder sich vor ihr zurückzieht. Der Beobachter kann die Geschwindigkeit einer Muschel, einer Schallwelle oder eines beliebigen sich bewegenden Objekts relativ zu sich selbst immer erhöhen oder verringern, indem er sich auf das Objekt zubewegt oder sich von ihm entfernt. Wenn das sich bewegende Objekt ein Lichtstrahl ist, kann er nichts dergleichen tun. Die Geschwindigkeit eines Fahrzeugs kann auf keinen Fall zu der des Lichts, das es empfängt oder aussendet, addiert oder von ihr subtrahiert werden.

Diese feste Geschwindigkeit von etwa 186.000 Meilen pro Sekunde, die wir beim Licht immer vorfinden, ist in vielerlei Hinsicht vergleichbar mit der Temperatur von 273° unter Null, die als "absoluter Nullpunkt" bekannt ist. Auch dieser ist in der Natur eine unüberwindbare Grenze.

All dies beweist, dass die Gesetze, die optische Phänomene regeln, nicht dieselben sind wie die klassischen Gesetze für mechanische Phänomene. Um diese scheinbar widersprüchlichen Gesetze in Einklang zu bringen, hat Lorentz im Anschluss an Fitzgerald die seltsame Hypothese der Kontraktion aufgestellt.

Aber Einstein wird uns jetzt auf leuchtende Weise zeigen, dass diese Kontraktion ganz natürlich ist, wenn wir bestimmte Vorstellungen aufgeben - die vielleicht falsch, aber klassisch sind -, die unsere gewohnte und traditionelle Art und Weise der Einschätzung von Raumlängen und Zeiträumen beherrschen.

Nehmen Sie ein beliebiges Objekt, zum Beispiel eine Messlatte. Wodurch wird die scheinbare Länge des Stabes für uns bestimmt? Es ist das Bild, das die beiden Strahlen, die von den beiden Enden des Stabes ausgehen und unser Auge *gleichzeitig* erreichen, auf unserer Netzhaut erzeugen.

Ich hebe das Wort kursiv hervor, weil es der Schlüssel zur ganzen Angelegenheit ist. Wenn der Stab vor uns stillsteht, ist der Fall einfach. Wenn er aber bewegt wird, während wir ihn betrachten, ist der Fall weniger einfach. Es ist so viel weniger einfach, dass vor der Arbeit von Einstein die meisten unserer Gelehrten und die gesamte klassische Wissenschaft dachten, dass das augenblickliche Bild eines Objekts, das keiner Formveränderung unterliegt, notwendigerweise und immer identisch und unabhängig von den Geschwindigkeiten des Objekts und des Beobachters ist. Die gesamte klassische Wissenschaft argumentierte, als ob die Ausbreitung des Lichts selbst augenblicklich wäre - als ob es eine unendliche Geschwindigkeit hätte - was nicht der Fall ist.

Ich stehe am Ufer neben einer Eisenbahnlinie. Auf der Strecke steht ein schöner Pullman-Wagen, in dem es so angenehm ist, zu denken, dass der Raum relativ ist, im galileischen Sinne des Wortes. In der Nähe der Strecke habe ich zwei Pflöcke befestigt, einen blauen und einen roten, die genau die Enden des Wagens markieren und seine Länge angeben. Dann, ohne meinen Beobachtungsposten am Ufer zu verlassen, gebe ich, mit dem Gesicht zur Mitte des Wagens gewandt, den Befehl, den Wagen zurückzuziehen und an eine Lokomotive von unerhörter Kraft anzukoppeln, die den Wagen mit einer phantastischen Geschwindigkeit an mir vorbeiziehen lässt, millionenfach schneller als die Geschwindigkeit, die ein bloßer Ingenieur erreichen könnte. So groß ist die potentielle Überlegenheit der Phantasie über die nüchterne Realität! Ich nehme weiter an, dass meine Netzhaut perfekt ist und so beschaffen ist, dass die visuellen Eindrücke nur so lange auf ihr verbleiben, wie das Licht, das sie verursacht. Diese etwas willkürlichen Annahmen haben mit dem Wesen der Demonstration nichts zu tun. Sie dienen nur der Bequemlichkeit halber.

Und nun die Frage. Wird die Kutsche (von der ich annehme, dass sie aus einem starren Metall besteht), wenn sie mit voller Geschwindigkeit an mir vorbeifährt, mir genau so lang erscheinen wie in der Ruhephase? Anders ausgedrückt: Wenn ich sehe, dass das vordere Ende der Kutsche mit dem blauen Pflock übereinstimmt, den ich gesetzt habe, werde ich dann auch sehen, dass das hintere Ende der Kutsche mit dem roten Pflock übereinstimmt? Auf diese Frage würden Galilei, Newton und alle Anhänger der klassischen Wissenschaft mit *Ja antworten*. Doch laut Einstein lautet die Antwort *nein*.

Hier ist der einfache Beweis, wie wir ihn aus Einsteins allgemeiner Idee ableiten.

Ich befinde mich, wie Sie sich erinnern, am Rande des Gleises, in gleicher Entfernung von beiden Pflöcken. Wenn das vordere Ende des Wagens mit dem blauen Pflock zusammenfällt, sendet er einen bestimmten Lichtstrahl in Richtung meines Auges (den wir der Einfachheit halber den vorderen Strahl nennen), und dieser fällt mit dem Lichtstrahl zusammen, der vom blauen Pflock zu mir kommt. Dieser vordere Strahl erreicht mein Auge *zur gleichen Zeit* wie ein bestimmter Strahl, der vom hinteren Ende der Kutsche kommt (den wir den hinteren Strahl nennen werden). Fällt der hintere Strahl mit dem Strahl zusammen, der von dem roten Pflock zu mir kommt? Offensichtlich nicht. Der vordere Strahl verlässt das vordere Ende der Kutsche mit der gleichen Geschwindigkeit wie der hintere Strahl das hintere Ende; das würde jeder Beobachter in der Kutsche feststellen, der das Michelson-Experiment an ihm ausprobieren wollte. Aber das vordere Ende des Wagens entfernt sich von mir, während sich das hintere Ende mir nähert. Daher bewegt sich der vordere Strahl langsamer auf mein Auge zu als der hintere, obwohl ich dies nicht wahrnehmen kann, denn wenn sie mich erreichen, stelle ich fest, dass sie beide die gleiche Geschwindigkeit haben. Der hintere Strahl, der mein Auge zur gleichen Zeit wie der vordere erreicht, muss also das hintere Ende des Wagens später verlassen haben als der vordere Strahl das vordere Ende des Wagens. Wenn ich also das vordere Ende der Kutsche mit dem blauen Pflock zusammenfallen sehe, sehe ich gleichzeitig das hintere Ende der Kutsche, *nachdem* sie den roten Pflock passiert hat. Daher ist die Länge eines Wagens, der mit voller Geschwindigkeit fährt und mir so erscheint, kürzer als der Abstand zwischen den beiden Pflöcken, der die Länge des Wagens im Ruhezustand angibt. Q.E.D.

Um dieses Argument zu verstehen, bedarf es nur sehr wenig Aufmerksamkeit, auch wenn seine elementare Einfachheit nicht ohne Schwierigkeiten erreicht wurde. Es ist Teil des mathematischen Arguments von Einstein und seiner Auffassung von Gleichzeitigkeit.

Daraus folgt, dass die Kutsche oder allgemein jedes Objekt aufgrund seiner Geschwindigkeit und in Richtung dieser Geschwindigkeit relativ zum Betrachter zusammengezogen zu sein scheint. Dasselbe geschieht natürlich auch, , wenn sich der Beobachter in Bezug auf das Objekt bewegt, da wir aufgrund des klassischen Relativitätsprinzips von Newton und Galilei nur relative Geschwindigkeiten kennen können.

In diesem neuen Licht wird die Lorentz-Fitzgerald-Kontraktion verständlich oder zumindest akzeptabel. Die Kontraktion, so betrachtet, ist nicht die Ursache für das negative Ergebnis des Michelson-Experiments: sie ist ein Effekt davon. Jetzt ist es ganz klar, und wir sehen, dass mit der klassischen Methode zur Schätzung der momentanen Dimension von Objekten etwas nicht stimmte.

Die Tatsache, dass Lichtstrahlen, die von ihren Quellen mit unterschiedlichen Geschwindigkeiten ausgehen, die gleiche Geschwindigkeit haben sollen, wenn sie unser Auge erreichen, ist sicherlich seltsam. Es bringt unsere gewohnte Sichtweise durcheinander. Wenn ich mir einen Vergleich erlauben darf, der nur zum Nachdenken anregen soll und keineswegs der Erklärung dient, so haben wir es hier mit etwas zu tun, das dem entspricht, was mit den Bomben der Flieger geschieht. Bomben eines bestimmten Typs, ob sie nun in 5.000 oder 10.000 Metern Höhe abgeworfen werden, die also in 5.000 Metern Höhe über dem Boden sehr unterschiedliche Abwurfgeschwindigkeiten haben, haben immer die gleiche Restgeschwindigkeit, wenn sie den Boden erreichen. Dies ist auf den dämpfenden und ausgleichenden Einfluss des atmosphärischen Widerstandes zurückzuführen, der verhindert, dass die Geschwindigkeit unendlich ansteigt, und sie konstant macht, wenn sie einen bestimmten Wert erreicht hat.

Müssen wir annehmen, dass es um unser Auge und um Gegenstände herum eine Art Widerstandsfeld gibt, das dem Licht eine ähnliche Grenze setzt? Wer weiß das schon? Aber vielleicht haben solche Fragen für den Physiker keine Bedeutung. Er kann nichts über das Verhalten des Lichts wissen, außer wenn es seine Quelle verlässt oder wenn es das Auge erreicht, ob er nun mit Instrumenten ausgestattet ist oder nicht. Er kann nicht erfahren, wie es sich während seines Durchgangs durch den Zwischenraum verhält, in dem es keine Materie gibt.

Je intensiver wir uns mit der neuen Physik befassen, desto mehr stellen wir fest, dass sie ihre Stärke fast ausschließlich aus ihrer systematischen Verachtung all dessen bezieht, was jenseits der Phänomene liegt, was nicht experimentell beobachtet werden kann. Gerade weil sie sich ausschließlich auf Tatsachen stützt (wie widersprüchlich sie auch sein mögen), ist unser Beweis für die notwendige Kontraktion von Objekten aufgrund ihrer Geschwindigkeit relativ zum Beobachter so stark.

Wir müssen die tiefe Bedeutung der Fitzgerald-Lorentz-Kontraktion verstehen. Diese scheinbare Kontraktion ist keineswegs auf die Bewegung der Objekte relativ zum Äther zurückzuführen. Sie ist im Wesentlichen die Auswirkung der Bewegungen von Objekten und Beobachtern relativ zueinander, oder relative Bewegungen im Sinne der älteren Mechanik.

Die größten relativen Geschwindigkeiten, an die wir im täglichen Leben gewöhnt sind, liegen unter einigen Kilometern pro Sekunde. Die Anfangsgeschwindigkeit der von "Bertha" abgefeuerten Granate betrug nur etwa 1.300 Meter pro Sekunde. Für so langsame Bewegungen ist die relativistische Kontraktion völlig vernachlässigbar. Da die klassische Mechanik eine solche Kontraktion nie beobachtet hatte, betrachtete sie die Formen und Abmessungen starrer Objekte als unabhängig von Bezugssystemen.

Es war sehr fast wahr; und das macht den Unterschied zwischen wahr und falsch aus. Zu sagen, dass $999.990 + 9 = 1.000.000$ ist, bedeutet, etwas zu sagen, das sehr nahe an der Wahrheit liegt, und ist daher falsch. Als entdeckt wurde, dass die Erde rund ist, änderten die Architekten nichts an ihrem Verfahren. Sie bauten weiter, als ob die Richtung, die das Lot angibt, immer parallel zu sich selbst wäre. Genauso werden diejenigen, die unsere Lokomotiven und Flugzeuge bauen, die Formen der Maschinen nicht als abhängig von ihren Geschwindigkeiten betrachten müssen. Was macht das schon? Der praktische Standpunkt ist nicht der der Wissenschaft und kann es auch nicht sein, außer indirekt. Umso schlimmer ist es, wenn es keinen indirekten Einfluss gibt oder wenn er nur langsam kommt.

Vor einigen Jahren entdeckten wir jedoch Dinge, die sich mit Geschwindigkeiten von zehn- oder hunderttausend Kilometern pro Sekunde bewegen; die Projektile der Kathodenstrahlen und des Radiums. In diesem Fall ist die Kontraktion der Relativisten sehr groß. Wir werden sehen, wie sie beobachtet wurde.

Aber lassen Sie uns zunächst rekapitulieren, was wir gesehen haben. Die Gegenstände scheinen ihre Form in der Richtung ihrer Bewegung zu verändern und nicht in der Richtung, die senkrecht dazu steht. Daher hängen ihre Formen, selbst wenn sie aus einem idealen und vollkommen starren Material bestehen, von ihrer Geschwindigkeit relativ zum Beobachter ab. Dies ist der wesentlich neue Gesichtspunkt, den Einsteins "Spezielle Relativitätstheorie" der Relativitätstheorie der klassischen Mechaniker und Philosophen überlagert. Für diese waren die absoluten Dimensionen eines starren Objekts oder einer geometrischen Figur nicht absolut; es waren nur die *Beziehungen* dieser Dimensionen, die real waren.

Die neue Sichtweise ist, dass diese Beziehungen selbst relativ sind, weil sie von der Geschwindigkeit des Beobachters abhängen. Es handelt sich um eine Art Relativität zweiten Grades, von der weder die Philosophen noch die klassischen Physiker geträumt hatten.

Die räumlichen Beziehungen selbst sind relativ, in einem Raum, der bereits relativ ist.

Im Falle unseres Pullman-Wagens und der beiden Pflöcke, die seine Länge markieren, wenn er stillsteht, würde ein Beobachter, der sich im Wagen befindet, feststellen, dass sich der Abstand zwischen den beiden Pflöcken verkürzt, wenn er sie passiert. Der Wagen würde ihm länger erscheinen als der Abstand zwischen den Pflöcken. Ich, der ich neben den Pflöcken bleibe, stelle das Gegenteil fest. Aber ich habe keine Möglichkeit, dem Fahrgast zu beweisen, dass er sich irrt. Ich sehe ganz klar, dass der Lichtstrahl, der von der hinteren Stange kommt, hinter der Kutsche herläuft und deshalb relativ zu ihr eine Geschwindigkeit von weniger als 186.000 Meilen pro Sekunde hat. Ich weiß, dass dies der Grund für den Irrtum des Fahrgastes ist, aber ich habe keine Möglichkeit, ihn davon zu überzeugen, dass er sich irrt. Er wird immer sagen, und das zu Recht: "Ich habe die Geschwindigkeit gemessen, mit der mich dieser Strahl erreicht, und ich habe festgestellt, dass sie 186.000 Meilen pro Sekunde beträgt." Jeder von uns hat wirklich Recht.

Bei einer sehr schnellen Bewegung würde ein Quadrat dem Beobachter als Rechteck erscheinen; ein Kreis würde als Ellipse erscheinen. Wenn die Erde einige tausend Mal schneller um die Sonne kreisen würde, würde sie länglich erscheinen, wie eine riesige Zitrone, die am Himmel hängt. Wenn ein Flieger mit einer fantastischen Geschwindigkeit über den Trafalgar Square in Richtung Strand fliegen könnte - und wenn die Eindrücke auf seiner Netzhaut augenblicklich wären -, würde er den Square als ein sehr abgeflachtes Rechteck sehen. Wenn er in einer diagonalen Linie darüber flöge, würde er ihn in Form einer Raute vorfinden. Würde derselbe Flieger eine Straße überfliegen, auf der fette Rinder zum Schlachthof getrieben werden, wäre er erstaunt, denn die Tiere würden ihm außerordentlich mager erscheinen, während sich ihre Länge nicht verändern würde.

Die Tatsache, dass diese geschwindigkeitsbedingten Formveränderungen reziprok sind, ist eine der merkwürdigsten Konsequenzen aus all dem. Ein Mann , der sich mit der phantastischen Geschwindigkeit eines Shakespeare'schen Geistes in alle Richtungen bewegen könnte - sagen wir, mit etwa 170.000 Meilen pro Stunde, wobei es keine Grenze gibt - würde feststellen, dass seine Mitmenschen zu Zwergen geworden sind, die nur halb so groß sind wie er selbst. Wäre er ein Riese geworden, eine Art Gulliver unter den Liliputanern? Nicht im Geringsten. So gerecht ist der Plan der irdischen Dinge, dass er selbst den Menschen, die er für kleiner hielt als sich selbst, und die sich des Gegenteils ganz sicher sind, wie ein Zwerg vorkommen würde.

Was ist richtig und was falsch? Beides. Jede Sichtweise ist richtig, aber es gibt nur persönliche Sichtweisen.

Wiederum wird jeder Beobachter, was auch immer, nur Dinge sehen, die nicht mit ihm verbunden sind, als kleiner - niemals größer - als die Dinge, die mit seiner Bewegung verbunden sind. Wenn ich es wagen darf, diese nüchterne Darstellung durch eine etwas weniger strenge Reflexion als in der Physik üblich zu erleichtern, würde ich sagen, dass das neue System eine höchste Rechtfertigung des Egoismus, oder besser gesagt, des Egozentrismus bietet.

Mit der Zeit verhält es sich genauso wie mit dem Raum. Durch ähnliche Überlegungen wie die, die uns gezeigt haben, wie die Entfernung der Dinge im Raum mit ihrer Geschwindigkeit relativ zum Beobachter zusammenhängt, kann gezeigt werden, dass ihre Entfernung in der Zeit ebenfalls davon abhängt.

Es wäre müßig, hier das gesamte Einsteinsche Argument für die Dauer wiederzugeben. Es ist analog zu dem, das wir in Bezug auf die Länge verwendet haben, und sogar noch einfacher. Das Ergebnis lautet wie folgt. Die in Sekunden ausgedrückte Zeit, die ein Zug braucht, um von einem Bahnhof zum anderen zu fahren, ist für die Passagiere des Zuges kürzer als für uns, die wir die Vorbeifahrt des Zuges beobachten ( ), auch wenn unsere Uhren genau gleich gehen wie die der anderen. [5] In ähnlicher Weise erscheinen alle Gesten von Menschen, die sich in fahrenden Fahrzeugen befinden, einem stehenden Beobachter verlangsamt und damit verlängert und umgekehrt. Aber die Geschwindigkeit müsste, wie im Falle der Längenänderung, fantastisch sein, um diese Zeitänderungen wahrnehmbar zu machen.

Nicht minder wahr ist, dass die Zeit zwischen der Geburt und dem Tod eines Geschöpfes, sein Leben, länger erscheint, wenn sich das Geschöpf relativ zum Beobachter schnell und phantastisch bewegt. In dieser Welt, in der der Schein fast alles ist, ist dies nicht ohne Bedeutung, und daraus folgt, dass, philosophisch gesprochen, weiterzugehen bedeutet, länger zu leben; aber für andere, nicht für sich selbst; so wie andere mir länger zu leben scheinen mögen. Eine verblüffende, eine tiefe, eine unvorhergesehene Rechtfertigung der Worte des Weisen: Unbeweglichkeit ist Tod!

Früher, vor der Einsteinschen *Hegira*, vor dem Beginn des Zeitalters der Relativisten, war jeder davon überzeugt, dass der von einem Objekt eingenommene Teil des *Raums* hinreichend und eindeutig durch seine Dimensionen - Länge, Breite und Höhe - definiert ist. Dies sind die drei *Dimensionen eines Objekts*, so wie wir, um einen anderen Ausdruck zu gebrauchen, von der Länge, der Breite und der Höhe jedes seiner Punkte sprechen, oder wie wir in der Astronomie von seiner Rektaszension, Deklination und Entfernung sprechen.

Es war klar, dass wir zusätzlich die Epoche, den Zeitpunkt angeben mussten, dem diese Daten entsprechen. Wenn ich die Position eines Flugzeugs durch seine Länge, Breite und Höhe definiere, sind diese Angaben nur für einen bestimmten Zeitpunkt korrekt, denn das Flugzeug bewegt sich relativ zum Beobachter, und der Zeitpunkt muss ebenfalls angegeben werden. In diesem Sinne ist seit langem bekannt, dass der Raum von der Zeit abhängt.

Die relativistische Theorie zeigt jedoch, dass sie auf eine viel intimere und tiefere Weise von der Zeit abhängt, und dass Zeit und Raum so eng miteinander verbunden sind wie jene Zwillingsmonster, die der Chirurg nicht trennen kann, ohne beide zu töten.

Die Dimensionen eines Objekts, seine Form, der scheinbare *Raum*, den es einnimmt, hängen von seiner Geschwindigkeit ab: das heißt, von der *Zeit, die* der Beobachter braucht, um eine bestimmte Strecke relativ zum Objekt zurückzulegen. Hier ist der *Raum* bereits von der *Zeit* abhängig. Darüber hinaus misst der Beobachter die Zeit mit einem Chronometer, dessen Sekunden je nach seiner Geschwindigkeit mehr oder weniger beschleunigt werden.

Es ist also unmöglich, den Raum ohne die Zeit zu definieren. Deshalb sagen wir heute, dass die Zeit die vierte Dimension des Raumes ist, oder dass der Raum, in dem wir leben, vier Dimensionen hat. Es ist bemerkenswert, dass es in der Vergangenheit fähige Männer gab, die eine mehr oder weniger klare Intuition für diesen Sachverhalt hatten. So schreibt Diderot 1777 in der *Enzyklopädie* in dem Artikel "Dimension":

"Ich habe bereits gesagt, dass es unmöglich ist, sich mehr als drei Dimensionen vorzustellen. Ein gelehrter Mann, den ich kenne, glaubt jedoch, dass man die Dauer als eine vierte Dimension betrachten könnte, und dass das Produkt der Zeit durch die Festigkeit in gewissem Sinne ein Produkt von vier Dimensionen sein würde. Der Gedanke mag nicht zulässig sein, aber er scheint nicht ohne Verdienst zu sein, und sei es nur der Verdienst der Originalität."

Zweifellos war es die Algebra, die die Idee eines Raumes mit mehr als drei Dimensionen hervorbrachte. Da Linien oder eindimensionale Räume durch algebraische Ausdrücke ersten Grades, zweidimensionale Flächen oder Räume durch Formeln zweiten Grades und dreidimensionale Volumina oder Räume durch Ausdrücke dritten Grades dargestellt werden, lag es nahe, sich zu fragen, ob Formeln vierten und höheren Grades nicht auch die algebraische Darstellung einer Raumform mit vier oder mehr Dimensionen sind.

Der vierdimensionale Raum der Relativisten ist jedoch nicht ganz das, was sich Diderot vorgestellt hat. Er ist nicht das Produkt der Zeit durch Ausdehnung, denn eine Verkleinerung der Zeit wird in ihm nicht durch eine Vergrößerung des Raumes kompensiert. Ganz im Gegenteil. Nehmen wir zwei Ereignisse, wie zum Beispiel die aufeinanderfolgende Durchfahrt unseres Pullman-Wagens durch zwei Stationen. Für einen Fahrgast im Wagen ist die Entfernung zwischen den beiden Stationen, gemessen an der Länge der zurückgelegten Strecke, wie wir gesehen haben, kürzer als für eine Person, die stationär neben der Strecke steht. Die Zeit zwischen dem Durchfahren der beiden Bahnhöfe ist für den ersten Beobachter ebenfalls geringer. Die Anzahl der Sekunden und Sekundenbruchteile, die sein Chronometer anzeigt, ist für ihn kleiner, wie wir gesehen haben.

Mit einem Wort: Der zeitliche und der räumliche Abstand nehmen gleichzeitig ab, wenn die Geschwindigkeit des Beobachters zunimmt, und beide nehmen zu, wenn die Geschwindigkeit des Beobachters abnimmt.

So wirkt die Geschwindigkeit (die Geschwindigkeit im Verhältnis zu den beobachteten Dingen, das müssen wir uns immer vor Augen halten) in gewissem Sinne wie eine doppelte Bremse, die die Dauer verkürzt und die Länge verkürzt. Wenn man eine andere Darstellung bevorzugt, ermöglicht es die Geschwindigkeit, sowohl Räume als auch Zeiten schräger, in einem immer schärferen Winkel zu sehen. Raum und Zeit sind also nur wechselnde Effekte der Perspektive.

Können wir uns einen Raum mit vier Dimensionen vorstellen? Das heißt, können wir ihn uns vorstellen oder visualisieren? Selbst wenn wir das nicht können, beweist das nichts über die Realität eines solchen Raums. Im Laufe der Jahrhunderte hat sich niemand so etwas wie die Hertz'schen Wellen vorstellen können, und auch heute noch haben wir keinen direkten Sinneseindruck von ihnen. Sie existieren aber dennoch. In der Tat fällt es uns schwer, uns einen dreidimensionalen Raum vorzustellen. Wären da nicht unsere muskulären Veränderungen, wüssten wir nichts davon. Ein gelähmter und einäugiger Mensch, d. h. ein Mensch ohne das Gefühl der Erleichterung, das wir beim beidäugigen Sehen haben - und selbst das ist in erster Linie eine muskuläre Empfindung -, würde mit seinem einzigen Auge alle Gegenstände in derselben Ebene sehen, wie auf der Bühne eines Theaters. Er könnte den dreidimensionalen Raum nicht wahrnehmen.

Ich glaube, es gibt Menschen, die sich eine Vorstellung vom vierdimensionalen Raum machen können. Die aufeinanderfolgenden Erscheinungen einer Blume in ihren verschiedenen Wachstumsphasen, von dem Tag, an dem sie nur eine zarte grüne Knospe ist, bis zu dem Zeitpunkt, an dem ihre erschöpften Blütenblätter traurig zu Boden fallen, und die aufeinanderfolgenden Veränderungen ihrer Blumenkrone unter dem Einfluss des Windes, geben uns ein kugelförmiges Bild der Blume im vierdimensionalen Raum.

Gibt es Menschen, die das alles zusammen sehen können? Ich glaube, dass es sie gibt, besonders unter guten Schachspielern. Wenn ein geschickter Spieler gut spielt, dann deshalb, weil er mit einem einzigen Blick seines geistigen Auges die ganze zeitliche und räumliche Reihe von Zügen, die auf den ersten Zug folgen können, mit all ihren Auswirkungen auf dem Brett erfassen kann. Er *sieht die ganze Reihe gleichzeitig*.

Die von mir kursiv gesetzten Worte sehen widersprüchlich aus. Das liegt daran, dass wir uns in einer Provinz befinden, in der es so gut wie unmöglich ist, die feinen Nuancen der Dinge in Worte zu fassen. Genauso gut könnte man versuchen, alles, was in einer Symphonie von Beethoven steckt, verbal zu definieren. "Der Übersetzer ist ein Verräter". Wenn an diesem Sprichwort etwas Wahres dran ist, dann deshalb, weil Worte das Organ der Übersetzung sind.

Wir sind auf unserem Weg in die relativistische Physik an einem Punkt angelangt, an dem wir nur noch ein mit Leichen und Trümmern übersätes Schlachtfeld vor uns haben.

Wir hatten Zeit und Raum als Haken betrachtet, die fest an der Wand befestigt sind, hinter der die Wirklichkeit lauert, und an denen wir unsere schwebenden Vorstellungen von der materiellen Welt aufhängen, so wie wir unsere Mäntel an der Stange aufhängen. Jetzt liegen sie zerrissen und zerknittert unter dem Müll der alten Theorien, Opfer der Hammerschläge der neuen Physik.

Wir wussten natürlich ganz genau, dass die Seelen der Menschen für uns unergründlich sind, aber wir glaubten, ihre Gesichter zu sehen. Nun, da wir uns ihnen nähern, stellen wir fest, dass es nur Masken sind, die wir gesehen haben. Die materielle Welt, so wie Einstein sie uns zeigt, ist eine Art Maskenball, und in trügerischer Ironie sind wir selbst es, die die schwarzen Samtmasken und die fröhlichen Kostüme gemacht haben.

Anstatt uns die Wirklichkeit zu offenbaren, sind Raum und Zeit nach Einstein nur bewegliche, von uns selbst gewebte Schleier, die sie vor uns verbergen. Dennoch - und das ist eine seltsame und melancholische Überlegung - können wir uns die Welt von genauso wenig ohne Raum und Zeit vorstellen, wie wir bestimmte Mikroben unter dem Mikroskop beobachten können, ohne ihnen zuvor Farbstoffe zu injizieren.

Sind Zeit und Raum also nur Halluzinationen? Und wenn ja, was *ist dann* real?

Nein. Sobald der Relativist die wackligen Ruinen niedergerissen hat, beginnt er mit dem Wiederaufbau. Hinter den Schleiern, die nun heruntergerissen und mit Füßen getreten werden, wird eine neue und subtilere Realität zum Vorschein kommen.

Wenn wir das Universum auf die übliche Weise beschreiben, in getrennten Kategorien von Raum und Zeit, sehen wir, dass sein Aussehen vom Beobachter abhängt. Glücklicherweise ist dies nicht der Fall, wenn wir es in der einzigartigen Kategorie des vierdimensionalen Kontinuums beschreiben, in dem Einstein die Phänomene verortet und in dem Raum und Zeit untrennbar miteinander verbunden sind.

Wenn ich mir dieses Bild erlauben darf: Zeit und Raum sind wie zwei Spiegel, der eine konvex, der andere konkav, deren Krümmung im Verhältnis zur Geschwindigkeit des Beobachters verstärkt wird. Jeder dieser Spiegel gibt uns, jeder für sich, ein verzerrtes Bild von der Abfolge der Dinge. Dies wird jedoch glücklicherweise dadurch ausgeglichen, dass das Bild der Abfolge der Dinge in seiner unverfälschten Realität wiederhergestellt wird, wenn wir die beiden Spiegel so kombinieren, dass der eine die vom anderen empfangenen Strahlen reflektiert.

Der zeitliche und räumliche Abstand zweier gegebener Ereignisse, die nahe beieinander liegen, nimmt zu oder ab, wenn die Geschwindigkeit des Beobachters ab- oder zunimmt. Das haben wir gezeigt. Aber eine einfache Berechnung - einfach aufgrund der zuvor gegebenen Formel, um die Lorentz-Fitzgerald-Kontraktion auszudrücken - zeigt, dass es eine konstante Beziehung zwischen diesen begleitenden Veränderungen von Zeit und Raum gibt. Genauer gesagt, der zeitliche und der räumliche Abstand zwischen zwei zusammenhängenden Ereignissen verhalten sich numerisch zueinander wie die Hypotenuse und die andere Seite eines rechtwinkligen Dreiecks zur dritten Seite, die unveränderlich bleibt. [6]

Nimmt man diese dritte Seite als Basis, so beschreiben die beiden anderen darüber ein Dreieck, das mehr oder weniger hoch ist, je nachdem, ob die Geschwindigkeit des Beobachters mehr oder weniger reduziert wird. Diese feste Basis des Dreiecks, dessen andere beiden Seiten - der räumliche Abstand und der zeitliche Abstand - sich gleichzeitig mit der Geschwindigkeit des Beobachters verändern, ist also eine von der Geschwindigkeit unabhängige Größe.

Diese Größe hat Einstein das *Intervall* der Ereignisse genannt. Dieses "Intervall" der Dinge in der vierdimensionalen Raumzeit ist eine Art Konglomerat aus Raum und Zeit, ein Amalgam aus beiden. Seine Bestandteile können variieren, aber es selbst bleibt unveränderlich. Sie ist die konstante Resultante aus zwei sich verändernden Vektoren. Das so definierte "Intervall" von Ereignissen gibt uns nach der relativistischen Physik zum ersten Mal eine unpersönliche Darstellung des Universums. In den markanten Worten Minkowskis: "Raum und Zeit sind bloße Phantome. Alles, was in der Realität existiert, ist eine Art innige Verbindung dieser Entitäten."

Die einzige dem Menschen zugängliche Realität in der äußeren Welt, das einzige wirklich objektive und unpersönliche Ding, das begreifbar ist, ist das Einsteinsche *Intervall*, wie wir es definiert haben. Das *Intervall* der Ereignisse ist für die Relativisten der einzige wahrnehmbare Teil des Realen. Abgesehen davon gibt es vielleicht etwas, aber nichts, was wir wissen können.

Ein seltsames Schicksal des menschlichen Denkens! Das Relativitätsprinzip hat dank der Entdeckungen der modernen Physik seine Flügel viel weiter ausgebreitet als zuvor und Gipfel erreicht, von denen man dachte, sie lägen jenseits der Reichweite seines Höhenflugs. Und doch verdanken wir ihm vielleicht die erste wirkliche Erkenntnis unserer Schwäche in Bezug auf die Welt der Sinne, in Bezug auf die Wirklichkeit.

Einsteins System, von dem wir jetzt den konstruktiven Teil zu sehen bekommen, wird eines Tages wie die anderen verschwinden, denn in der Wissenschaft gibt es nur Theorien mit "vorläufigen Titeln", niemals Theorien mit "endgültigen Titeln". Möglicherweise ist das der Grund für ihre vielen Siege. Die Idee des *Intervalls* der Dinge wird zweifellos all diese Veränderungen überleben. Die Wissenschaft der Zukunft muss auf ihr aufgebaut werden. Die kühne Struktur der Wissenschaft unserer Zeit stützt sich täglich auf sie.

Es muss klar sein, dass das *Einsteinsche Intervall* nichts über das Absolute, über die Dinge an sich aussagt. Es zeigt uns, wie alle anderen auch, nur die Beziehungen zwischen den Dingen. Aber die Beziehungen, die es aufzeigt, scheinen real und unveränderlich zu sein. Sie haben den gleichen Grad an objektiver Wahrheit, den die klassische Wissenschaft mit vielleicht unbegründeter Sicherheit den zeitlichen und räumlichen Beziehungen der Phänomene zuschrieb. Nach Ansicht der neuen Physik waren dies nur falsche Maßstäbe. Allein das Einsteinsche Intervall zeigt uns, was wir von der Wirklichkeit wissen können.

Einsteins System ist also stolz darauf, für alle Zukunft einen Teil des Schleiers gelüftet zu haben, der die heilige Nacktheit der Natur vor uns verbirgt.

KAPITEL IV

EINSTEINSCHE MECHANIK

Die mechanische Grundlage aller Wissenschaften - Die Überwindung des Zeitstroms - Die Lichtgeschwindigkeit als unüberwindbare Grenze - Die Addition der Geschwindigkeiten und das Experiment von Fizeau - Die Veränderlichkeit der Masse - Die Ballistik der Elektronen - Gravitation und Licht als atomare Mikrokosmen - Materie und Energie - Der Tod der Sonne.

Als Baudelaire schrieb:

Ich hasse die Bewegung, die Linien verdrängt,

dachte er, wie die Physiker seiner Zeit, nur an die statischen Verformungen, die bekannt sind, seit es Menschen gibt, die sie beobachten. Was wir über die Einsteinsche Zeit und den Einsteinschen Raum gesehen haben, hat uns gelehrt, dass es zusätzlich zu diesen kinematischen Verformungen geben muss, denen jedes materielle Objekt, wie starr es auch erscheinen mag, ausgesetzt ist.

Die Bewegung verschiebt also die Linien viel stärker, als Baudelaire angenommen hat, selbst die Linien der härtesten Marmorstatuen. Diese Art der Verformung, die eher angenehm als hässlich ist, da sie uns dem Kern der Dinge näher bringt, hat die gesamte Mechanik durcheinander gebracht.

Die Mechanik ist die Grundlage aller experimentellen Wissenschaften, weil sie die einfachste ist und weil die Phänomene, die sie untersucht, immer - wenn auch nicht ausschließlich - unter den phänomenalen Objekten der anderen Wissenschaften, wie Physik, Chemie und Biologie, zu finden sind.

Der umgekehrte Fall ist nicht wahr. So gibt es in der Chemie oder Biologie kein einziges Phänomen, bei dem man nicht Körper in Bewegung untersuchen müsste, Objekte, die mit Masse ausgestattet sind und Energie abgeben oder absorbieren. Andererseits finden sich die besonderen Aspekte eines biologischen, chemischen oder physikalischen Phänomens, wie das Vorhandensein einer Potentialdifferenz, einer Oxidation oder eines osmotischen Drucks, nicht immer in der Untersuchung der Bewegungen einer wägbaren Masse und der Kräfte, die auf sie und durch sie wirken.

Verglichen mit der Mechanik haben die Wissenschaften Physik, Chemie und Biologie, in der Reihenfolge, in der wir sie nennen, Objekte von zunehmender Komplexität und Allgemeinheit, oder besser gesagt, von abnehmender Universalität. Diese Wissenschaften sind voneinander abhängig, so wie der Stamm, die Äste, die Blätter und die Blüten eines Baumes voneinander abhängig sind. Sie sind in gewisser Weise miteinander verwandt wie die verschiedenen Teile der Gelenkmasten, an denen die Militärtelegrafisten ihre Antennen befestigen. Der untere Teil des Mastes, der größere Teil, trägt das Ganze, aber es sind die oberen Teile, die die zarten und komplizierten Organe tragen.

Das Ziel der großen Synthetiker in der Wissenschaft war und ist es, alle Phänomene auf mechanische Phänomene zu reduzieren, wie es Descartes versucht hat. Ob diese Versuche begründet sind oder nicht, ob sie eines Tages erfolgreich sein werden oder *von vornherein* zum Scheitern verurteilt sind, weil die physikalisch-biologischen Phänomene Elemente beinhalten, die im Grunde nicht auf mechanische Elemente reduziert werden können, ist eine Frage, die viel diskutiert wurde und weiterhin diskutiert werden wird. Doch so sehr sich die Denker in diesem Punkt auch unterscheiden mögen, in einem Punkt sind sie sich einig: In allen Naturphänomenen, in allen Phänomenen, die Gegenstand der Wissenschaft sind, gibt es das mechanische Element - in einigen ausschließlich, in anderen das Hauptelement.

All dies führt zu der Schlussfolgerung, dass alles, was die Mechanik verändert, gleichzeitig auch die gesamte Struktur der darauf basierenden Ideen verändert, d.h. die anderen Wissenschaften, die gesamte Wissenschaft, unsere gesamte Vorstellung vom Universum. Aber wir werden jetzt sehen, dass die Einsteinsche Theorie als direkte Auswirkung dessen, was sie in Bezug auf Raum und Zeit lehrt, die klassische Mechanik völlig umstößt. Gerade auf diese Weise hat sie den eher schläfrigen Rahmen der traditionellen Wissenschaft erschüttert, und die Erschütterung ist noch nicht vorbei.

Wenn wir uns der Einsteinschen Mechanik nähern, werden wir das Vergnügen haben, von den Vorstellungen von Zeit und Raum, die allzu ausschließlich geometrisch und psychologisch sind, zum direkten Studium der materiellen Realitäten, der *Körper*, überzugehen. Hier können wir Theorie und Wirklichkeit, die mathematischen Prämissen und die materiellen Nachweise miteinander vergleichen; und wir werden uns freuen zu sehen, was die in der Erfahrung gegebenen Tatsachen zu diesem Thema zu sagen haben. Wir werden in der Lage sein, unsere Wahl zwischen den alten und den neuen Ideen mit informiertem Verstand und gesunden Kriterien zu treffen.

Mit einem Wort: Solange wir uns mit Ideen von Raum und Zeit beschäftigten - die an sich leere Rahmen sind, Vasen, die uns vor allem durch die Flüssigkeiten interessieren, die sie enthalten -, waren wir eher wie junge Männer, die eine *Verlobte* nur aufgrund der Beschreibung auswählen müssen, die man ihnen gegeben hat. Wir werden nun mit eigenen Augen sehen und die beiden Anwärter auf unsere Zuneigung bei der Arbeit beobachten: die klassische Wissenschaft und die Einsteinsche Theorie. Wir werden sehen, wie beide den Brei der Tatsachen aufnehmen, und wir werden in der Lage sein, die köstlichen

Gerichte zu vergleichen, die sie jeweils daraus für die Ernährung des Geistes zubereiten.

Theorien haben keinen Wert, außer als Funktionen von Tatsachen. Diejenigen, die, wie so viele in der Metaphysik, kein wirkliches Kriterium haben, an dem wir sie prüfen können, sind alle von gleichem Wert. Die Erfahrung, die einzige Quelle der Wahrheit, von der Lukrez vor langer Zeit sagte:

unde omnia credita pendent,

oder die materiellen Fakten, wird Einsteins System für uns beurteilen.

Das Ergebnis des Michelson-Experiments, die Unmöglichkeit des Nachweises einer Geschwindigkeit der Erde im Verhältnis zum Medium, in dem sich das Licht ausbreitet, läuft darauf hinaus, dass wir keinerlei Möglichkeit haben, eine höhere Geschwindigkeit als die des Lichts nachzuweisen. Diese Konsequenz des Michelson-Experiments lässt sich vielleicht besser verstehen, wenn wir sie in eine konkrete Form bringen. Hier ist eine Illustration, die unserem Zweck dienen wird.

In einem astronomischen Roman soll sich ein imaginärer Beobachter mit einer Geschwindigkeit, die größer ist als die des Lichts - sagen wir 300.000 Meilen pro Sekunde - von der Erde entfernen und dabei seine Augen (mit einer gewaltigen Brille) fest auf unseren kleinen Globus gerichtet halten.

Was wird geschehen? Offensichtlich wird unser Beobachter den Ablauf der irdischen Ereignisse in umgekehrter Reihenfolge sehen, denn im Laufe seiner Reise wird er nacheinander die Lichtwellen einholen, die die Erde vor ihm verlassen haben. Je weiter sie entfernt sind, desto länger muss es her sein, dass sie die Erde verlassen haben. Nach einiger Zeit wird unser Mann oder unser Übermensch Zeuge der Schlacht an der Marne . Zuerst wird er das mit Toten übersäte Feld sehen. Nach und nach werden sich die Toten erheben und sich ihren Regimentern anschließen, und bald wird man sie in Gruppen in den Taxis von Gallieni sehen, die mit voller Geschwindigkeit nach Paris zurückfahren und inmitten einer Bevölkerung ankommen, die über den Ausgang des Kampfes äußerst besorgt ist, und die Soldaten werden natürlich nicht in der Lage sein, ihr irgendwelche Nachrichten zu übermitteln. Mit einem Wort, unser Beobachter wird, wenn er sich mit einer Geschwindigkeit, die größer ist als die des Lichts, von der Erde entfernt, die irdischen Ereignisse so sehen, als ob er den Strom der Zeit *aufsteigen* würde.

Ganz anders wäre es, wenn der Beobachter stationär bliebe und sich die Erde mit einer Geschwindigkeit von 300.000 Meilen pro Sekunde von ihm entfernen würde. Was würde dann passieren? Es ist klar, dass in diesem Fall unser Beobachter die irdischen Ereignisse nicht in umgekehrter Reihenfolge sehen wird, sondern so, wie sie sind: nur dass sie ihm majestätisch langsam erscheinen würden, weil die Lichtstrahlen, die die Erde am Ende eines bestimmten Ereignisses verlassen, viel länger brauchen werden, um ihn zu erreichen, als die Strahlen, die die Erde zu Beginn des Ereignisses verlassen haben.

Da sich die von ihm beobachteten Phänomene in beiden Fällen wesentlich unterscheiden, wäre unser imaginärer Beobachter in der Lage zu sagen, ob er sich von der Erde entfernt oder die Erde sich von ihm entfernt; er könnte die tatsächliche Bewegung des Ereignisses durch den Raum feststellen. Damit ist natürlich eine Bewegung relativ zum Medium der Lichtausbreitung gemeint, nicht unbedingt, wie wir gesehen haben, eine Bewegung in Bezug auf den absoluten Raum.

Das Experiment, das wir uns vorgestellt haben, könnte mit den derzeitigen Mitteln unserer Laboratorien wohl kaum durchgeführt werden. Wir können diese fantastischen Geschwindigkeiten nicht erreichen, und selbst wenn wir es könnten, würde der Beobachter nicht viel erkennen. Aber wir haben einen kolossalen Fall gewählt, und die Ergebnisse wären kolossal, denn es ginge um nichts Geringeres als um eine Umkehrung der Zeitordnung.

Wenn wir bescheidenere Mittel verwenden, werden die Ergebnisse bescheidener sein, aber nach den älteren Theorien sollten sie in unseren Instrumenten aufgezeichnet werden. Aber das Michelson-Experiment - eine Miniaturversion dessen, was wir gerade beschrieben haben - zeigt, dass die Unterschiede, die wir erwarten sollten, nicht beobachtet werden. Die von uns aufgestellte Prämisse, dass es im leeren Raum größere Geschwindigkeiten als die des Lichts geben kann, stimmt also nicht mit der Realität überein. Diese Lichtgeschwindigkeit ist also eine Mauer, eine Grenze, die nicht überschritten werden kann.

Nun wollen wir sehen, was folgt. Der klassischen Mechanik, wie sie von Galilei, Huyghens und Newton begründet wurde und wie sie überall gelehrt wird, liegt ein Prinzip zugrunde, das letztlich, wie alle Prinzipien der Mechanik, auf Erfahrung gründet. Es ist das Prinzip der Zusammensetzung der Geschwindigkeiten. Wenn ein Boot, das in glattem Wasser zehn Meilen in der Stunde macht, einen Fluss hinunterfährt, der mit fünf Meilen in der Stunde fließt, wird die Geschwindigkeit des Bootes in Bezug auf das Ufer, wie wir durch tatsächliche Messungen feststellen können, gleich der Summe der beiden Geschwindigkeiten sein, also fünfzehn Meilen in der Stunde. Dies ist die Regel der Addition der Geschwindigkeiten.

Allgemeiner ausgedrückt: Wenn ein Körper von einem Ruhezustand ausgeht und unter der Einwirkung einer Kraft in einer Sekunde die Geschwindigkeit V annimmt, was wird er tun, wenn die Einwirkung der Kraft um eine weitere Sekunde verlängert wird ( )? Nach der klassischen Mechanik wird sie die Geschwindigkeit **2V annehmen**. [7] Stellen wir uns einen Beobachter vor, der sich mit der Geschwindigkeit

V fortbewegt, aber denkt, dass er sich in Ruhe befindet. Am Ende der ersten Sekunde wird er den Eindruck haben, dass der Körper ruht (weil er die gleiche Geschwindigkeit wie der Beobachter hat). Aufgrund des klassischen Relativitätsprinzips muss die scheinbare Bewegung des Körpers für unseren Beobachter die gleiche sein, als ob die Ruhe real wäre. Das bedeutet, dass am Ende der zweiten Sekunde die relative Geschwindigkeit des Körpers in Bezug auf den Beobachter **V** ist, und da der Beobachter bereits die Geschwindigkeit **V** hat, ist die absolute Geschwindigkeit des Körpers **2V**. In gleicher Weise wird sie nach drei Sekunden **3V**, nach vier Sekunden **4V** usw. betragen. Kann die Geschwindigkeit unbegrenzt zunehmen, wenn die Kraft lange genug anhält? Die klassische Mechanik sagt "ja". Einstein sagt "nein", weil es keine höhere Geschwindigkeit als die des Lichts geben kann.

Wir haben uns einen Beobachter vorgestellt, der relativ zu uns die Geschwindigkeit V hat und der glaubt, dass er sich in Ruhe befindet. Für ihn war der beobachtete Körper zu Beginn der zweiten Sekunde ebenfalls in Ruhe, weil seine Geschwindigkeit die gleiche war wie die des Beobachters. Aus der Tatsache, dass die scheinbare Bewegung des Körpers für den Beobachter in der zweiten Sekunde die gleiche ist wie für uns in der ersten, schloss die klassische Mechanik, dass sich seine Geschwindigkeit in der zweiten Sekunde verdoppelt. Sie wusste nicht, was Einstein uns jetzt gelehrt hat: dass die Zeit und der Raum dieses Beobachters anders sind als der unsere.

Was ist eine Geschwindigkeit? Sie ist der Raum, der im Laufe einer Sekunde durchquert wird. Aber der von unserem bewegten Beobachter gemessene Raum, den er für eine bestimmte Länge hält, ist in Wirklichkeit für uns, die wir stationär sind, kleiner, als er denkt, weil die von ihm verwendeten Regeln, wie Einstein gezeigt hat, durch die Geschwindigkeit verkürzt werden, ohne dass er dies wahrnimmt. Daher addieren sich die Geschwindigkeiten für einen gegebenen Beobachter nicht zu gleichen Teilen und auf unbestimmte Zeit, wie die klassische Mechanik behauptet.

Die alte Mechanik sagt, dass ein Körper unter der Einwirkung der gleichen Kraft immer die gleiche Beschleunigung erfährt, unabhängig von der bereits erreichten Geschwindigkeit. Die neue Mechanik sagt, dass die Bewegung eines Körpers unter der Einwirkung der gleichen Kraft immer weniger im Verhältnis zu seiner Geschwindigkeit beschleunigt wird.

Nehmen wir zum Beispiel ein bewegliches Objekt, das relativ zu mir eine Geschwindigkeit von 200.000 Kilometern pro Sekunde hat. Setzen wir einen Beobachter auf dieses Objekt. Der Beobachter wird dann in der gleichen Richtung und unter den gleichen Bedingungen wie wir ein zweites bewegliches Objekt starten, das somit *relativ zu ihm* eine Geschwindigkeit von 200.000 Kilometern hat. Der Relativist sagt, dass die resultierende Geschwindigkeit des zweiten Objekts relativ zu uns nicht, wie die klassische Addition der Geschwindigkeiten es ergeben würde, 200.000 + 200.000 = 400.000 Kilometer pro Sekunde sein wird. Sie beträgt nur 277.000 Kilometer pro Sekunde. Was der zweite bewegte Beobachter für 200.000 Kilometer hielt (weil sein Messstab aufgrund der Geschwindigkeit verkürzt war), waren in Wirklichkeit nur 77.000 unserer Kilometer. Wie kann man das berechnen? Ganz einfach, indem man die Lorentz-Formel verwendet, die ich in <u>Kapitel II</u> angegeben habe und die uns den Wert der geschwindigkeitsbedingten Kontraktion liefert. Wir finden dann leicht heraus, dass, wenn wir zwei Geschwindigkeiten haben, v und v_2, und wenn wir die Resultierende w nennen, die klassische Mechanik besagt, dass

$$w = v_1 + v_2$$

Die Einsteinsche Mechanik besagt, dass dies nicht korrekt ist und dass das, was wir wirklich haben (C ist die Lichtgeschwindigkeit), ist

$$w = \frac{v_1 + v_2}{1 + \dfrac{v_1 v_2}{c^2}}$$

Ich entschuldige mich dafür, dass ich noch einmal - und zwar zum letzten Mal - eine algebraische Formel in mein Werk einführe. Aber sie erspart mir eine große Anzahl von Worten, und sie ist so einfach, dass jeder Leser, der auch nur einen Hauch von elementarer Mathematik hat, sofort ihre große Bedeutung und die Konsequenzen daraus erkennen wird.

Die Formel drückt in erster Linie die Tatsache aus, dass die Resultierende der Geschwindigkeiten, so groß sie auch sein mag, nicht größer als die Lichtgeschwindigkeit sein kann. Sie drückt auch aus, dass, wenn eine der Komponentengeschwindigkeiten die Lichtgeschwindigkeit ist, die resultierende Geschwindigkeit den gleichen Wert haben muss. Das bedeutet, dass im Falle der geringen Geschwindigkeiten, mit denen wir in der Praxis zu tun haben (d.h. wenn die Teilgeschwindigkeiten viel kleiner als die Lichtgeschwindigkeit sind), die Resultierende fast gleich der Summe der beiden Komponenten ist, wie die klassische Mechanik sagt.

Die klassische Mechanik beruhte, wie wir uns erinnern müssen, auf Erfahrung. Wir verstehen, wie Galilei und seine Nachfolger, die sich nur mit relativ langsam bewegenden Körpern beschäftigten, unter diesen Umständen zu einem Prinzip gelangten, das für sie wahr zu sein schien, aber nur eine erste Annäherung darstellt.

So beträgt beispielsweise die Resultierende zweier Geschwindigkeiten, die jeweils hundert Kilometer pro Sekunde betragen (was weit über den von Galileo und Newton erreichbaren

Geschwindigkeiten liegt), nicht 200 Kilometer, sondern 199-999978 Kilometer. Der Unterschied beträgt kaum zweiundzwanzig Millimeter bei 200 Kilometern! Wir können durchaus verstehen, dass die früheren Experimentatoren nicht in der Lage waren, noch geringere Unterschiede als diese zu erkennen.

Unter den Überprüfungen des neuen Gesetzes der Zusammensetzung der Geschwindigkeiten können wir eine zitieren, das Ergebnis eines frühen Experiments des großen Fizeau, die sehr auffällig ist.

Stellen Sie sich ein Rohr vor, das mit einer Flüssigkeit, z. B. Wasser, gefüllt ist und in dem ein Lichtstrahl entlangläuft. Wir kennen die Lichtgeschwindigkeit in Wasser: Sie ist viel geringer als in Luft oder im leeren Raum. Nehmen wir weiter an, dass das Wasser nicht stillsteht, sondern mit einer bestimmten Geschwindigkeit durch das Rohr fließt. Welche Geschwindigkeit wird der Lichtstrahl haben, wenn er das Rohr verlässt, nachdem er die sich bewegende Flüssigkeit durchquert hat? Das versuchte Fizeau mit vielen Variationen der Versuchsbedingungen herauszufinden.

Die Geschwindigkeit des Lichts im Wasser beträgt etwa 220.000 Kilometer pro Sekunde. Es geht hier um eine so schnelle Ausbreitung, dass es einen großen Unterschied zwischen dem Additionsgesetz der alten klassischen Mechanik und der Einsteinschen Mechanik gibt. Die Ergebnisse des Fizeau-Experiments stehen in völliger Übereinstimmung mit der Einsteinschen Formel und nicht mit der der älteren Mechanik. Viele Beobachter, darunter in jüngster Zeit auch der niederländische Physiker Zeeman, haben das Experiment von Fizeau mit größter Sorgfalt wiederholt, aber das Ergebnis war das gleiche.

Als Fizeau das Experiment im letzten Jahrhundert durchführte, wurde versucht, seine Ergebnisse im Lichte der älteren Theorien zu interpretieren. Dies führte jedoch zu sehr unwahrscheinlichen Hypothesen. Fresnel zum Beispiel, der versuchte, die Ergebnisse von Fizeau zu erklären, war gezwungen, zuzugeben, dass der Äther teilweise vom fließenden Wasser mitgerissen wird und dass diese teilweise Verschiebung mit der Länge der ausgesandten Lichtwellen variiert, oder dass sie für die blauen Wellen nicht dieselbe ist wie für die roten! Eine sehr verblüffende Schlussfolgerung, und eine, die sehr schwer zu akzeptieren ist.

Das neue Gesetz der Zusammensetzung der Geschwindigkeiten, das uns Einstein gegeben hat, erklärt dagegen sofort und mit perfekter Genauigkeit die Ergebnisse von Fizeau. Sie sind dem klassischen Gesetz entgegengesetzt.

Die Tatsachen, die souveränen Richter und Kriterien, zeigen in diesem Fall, dass die neue Mechanik der Realität entspricht; die frühere Mechanik tut es nicht, zumindest nicht in ihrer traditionellen Form. Hier ist also etwas, das es uns ermöglicht, sofort die tiefe Wahrheit (wissenschaftliche Wahrheit ist das, was überprüfbar ist), die Schönheit der Lehre Einsteins zu erkennen: etwas, das uns in hervorragender Weise zeigt, wie sich eine wissenschaftliche, eine physikalische Theorie von einem willkürlichen und mehr oder weniger konsistenten philosophischen System unterscheidet.

Die Erfahrung, der oberste Richter, entscheidet sich für die Einsteinsche Mechanik und gegen die ältere Mechanik. Wir werden weitere Beispiele sehen, und wir werden keinen einzigen Fall finden, in dem das Urteil in die andere Richtung geht.

Wenden wir uns nun einem anderen Thema zu. Das neue Gesetz der Zusammensetzung der Geschwindigkeiten und des Widerstands einer Geschwindigkeitsgrenze, die der des Lichts entspricht, kann in einer anderen Sprache ausgedrückt werden als der, die wir bisher verwendet haben . Bis hierher haben wir nur von Geschwindigkeiten und Bewegungen gesprochen. Wir wollen sehen, wie diese Dinge aussehen, wenn wir gleichzeitig die besonderen Eigenschaften der sich bewegenden Objekte, der Körper, der Materie untersuchen.

Jeder weiß, dass die charakteristische Eigenschaft der Materie das ist, was wir Trägheit nennen. Wenn die Materie ruht, ist eine Kraft erforderlich, um sie in Bewegung zu setzen. Wenn sie in Bewegung ist, braucht sie eine Kraft, um sie anzuhalten. Sie braucht eine, um die Bewegung zu beschleunigen und eine, um die Richtung zu ändern. Diesen Widerstand, den die Materie den Kräften entgegensetzt, die dazu neigen, ihren Ruhe- oder Bewegungszustand zu verändern, nennen wir *Trägheit*. Aber verschiedene Körper können diesen Kräften einen unterschiedlichen Grad an Widerstand entgegensetzen. Wenn eine Kraft auf ein Objekt ausgeübt wird, verleiht sie ihm eine bestimmte Beschleunigung. Die gleiche Kraft, die auf ein anderes Objekt einwirkt, bewirkt in der Regel eine andere Beschleunigung. Ein Rennpferd, das sich sehr anstrengt, wird unter einem kleinen Jockey viel schneller vorankommen als unter einem fünfzehnköpfigen Mann. Ein Zugpferd wird schneller laufen, wenn der Wagen, den es zieht, leer ist, als wenn er mit Waren beladen ist. Man kann einen Kinderwagen mit einem Stoß in Gang setzen, der bei einem schweren Lastwagen nutzlos wäre.

Wenn eine Lokomotive mit einigen Waggons plötzlich losfährt, ist die Geschwindigkeit, die dem Zug in der ersten Sekunde verliehen wird, das, was wir seine Beschleunigung nennen. Wenn dieselbe Lokomotive unter den gleichen Bedingungen mit einem viel längeren Zug anläuft, ist die Beschleunigung geringer. Daraus ergibt sich die von Newton in die Wissenschaft eingeführte Idee der *Masse* von Körpern, die das Maß für ihre Trägheit ist.

Wenn in unserem Beispiel die Lokomotive im zweiten Fall eine nur halb so große Beschleunigung erzeugt, drücken wir dies aus, indem wir sagen, dass die Masse des zweiten Zuges doppelt so groß ist wie die des ersten. Wenn wir feststellen, dass die von der Lokomotive erzeugte Beschleunigung für drei mit Weizen beladene Lastwagen die gleiche ist wie für einen einzigen mit Metall beladenen Lastwagen, dann sind die beiden Züge gleich schwer.

Mit einem Wort, die Massen von Körpern sind konventionelle Daten, die dadurch definiert sind, dass sie proportional zu den Beschleunigungen sind, die durch ein und dieselbe Kraft verursacht werden. Anders ausgedrückt: Die Masse eines Körpers ist der Quotient aus der Kraft, die auf ihn einwirkt, und der Beschleunigung, die auf ihn einwirkt. Poincaré pflegte malerisch zu sagen: "Massen sind Koeffizienten, die man bequem in Berechnungen verwenden kann."

Wenn es eine Eigenschaft von Körpern gibt, die in den Bereich unserer Sinne fällt, eine Eigenschaft, für die jeder Mensch eine Art Instinkt oder Intuition hat, dann ist es die *Masse.* Doch eine sorgfältige Analyse zeigt uns, dass wir nicht in der Lage sind, sie anders als durch verdeckte Konventionen zu definieren. Poincarés Definition scheint paradox zu sein, weil sie die Ohnmacht eingesteht. Aber sie ist richtig. Die Masse ist nur ein "Koeffizient", ein konventionelles Ergebnis unserer Schwäche!

Dennoch blieb etwas übrig, auf das wir glaubten, uns stützen zu können, wenn auch nicht auf unser Verlangen nach Gewissheit - echte Wissenschaftler haben die Idee der Gewissheit schon vor langer Zeit aufgegeben -, so doch zumindest auf unseren Wunsch nach einer genauen Deduktion bei der Klassifizierung von Phänomenen. Wir glaubten an die Beständigkeit der Masse, an diesen praktischen und so klar definierten *Koeffizienten.*

Auch hier müssen wir uns leider wiederholen - oder vielleicht sollten wir sagen, zum Glück, denn es gibt kein anderes Vergnügen als das der Neuheit.

Die ältere Mechanik lehrte uns, dass die Masse in ein und demselben Körper konstant ist und daher unabhängig von der Geschwindigkeit ist, die der Körper erreicht. Daraus folgt, wie wir bereits erklärt haben, dass, wenn eine Kraft weiter wirkt, die Geschwindigkeit, die am Ende einer Sekunde erreicht wird, am Ende von zwei Sekunden verdoppelt wird, am Ende von drei Sekunden verdreifacht wird, und so weiter bis ins Unendliche.

Aber wir haben soeben gesehen, dass die Geschwindigkeit in der zweiten Sekunde weniger zunimmt als in der ersten, und so weiter, kontinuierlich abnehmend, bis, wenn die Lichtgeschwindigkeit erreicht ist, die des sich bewegenden Körpers nicht weiter zunehmen kann, welche Kraft auch immer auf ihn wirken mag.

Was bedeutet das? Wenn die Geschwindigkeit eines Körpers in der zweiten Sekunde weniger zunimmt, muss das daran liegen, dass er der beschleunigenden Kraft einen zunehmenden Widerstand entgegensetzt. Alles geschieht so, als ob sich seine Trägheit, seine Masse, geändert hätte! Das bedeutet, dass *die Masse eines Körpers nicht konstant ist, sondern von seiner Geschwindigkeit abhängt und mit steigender Geschwindigkeit zunimmt.*

Bei geringen Geschwindigkeiten ist dieser Einfluss nicht wahrnehmbar. Weil die Begründer der klassischen Mechanik, einer experimentellen Wissenschaft, nur Erfahrungen mit relativ geringen Geschwindigkeiten hatten, stellten sie fest, dass die Masse *spürbar* konstant ist, und glaubten, daraus schließen zu können, dass sie *absolut* konstant ist. Bei größeren Geschwindigkeiten ist das nicht der Fall.

Ebenso widersetzen sich die Körper bei geringen Geschwindigkeiten in der neuen wie in der alten Mechanik den Kräften, die dazu neigen, ihre Bewegung zu beschleunigen, dem gleichen Trägheitswiderstand wie den Kräften, die dazu neigen, die Richtung zu ändern und ihren Bahnen eine Kurve zu geben. Bei großen Geschwindigkeiten ist das nicht der Fall.

Die Masse nimmt also mit der Geschwindigkeit rasch zu. Sie wird unendlich, wenn die Geschwindigkeit gleich der des Lichts ist. Kein Körper kann die Lichtgeschwindigkeit erreichen oder überschreiten, denn um diese Grenze zu überschreiten, müsste er einen unendlichen Widerstand überwinden.

Um dies zu verdeutlichen, geben wir einige Zahlen an, die zeigen, wie sich die Masse mit der Geschwindigkeit verändert. Die Berechnung ist einfach, dank der Formel, die wir zuvor gesehen haben und die die Werte der Fitzgerald-Lorentz-Konstruktion angibt.

Eine Masse von 1.000 Gramm wiegt bei einer Geschwindigkeit von 1.000 Kilometern pro Sekunde zusätzlich zwei Gramm. Bei einer Geschwindigkeit von 100.000 Kilometern pro Sekunde wiegt sie 1.060 Gramm; bei einer Geschwindigkeit von 200.000 Kilometern pro Sekunde 1.341 Gramm; bei einer Geschwindigkeit von 259.806 Kilometern pro Sekunde 2.000 Gramm (oder das Doppelte); bei einer Geschwindigkeit von 290.000 Kilometern pro Sekunde 3.905 Gramm.

Das sagt uns die neue Theorie. Aber wie können wir sie überprüfen? Das wäre noch vor fünfzig Jahren unmöglich gewesen, als man nur die Geschwindigkeiten unserer Fahrzeuge und Geschosse kannte, die damals selbst bei Granaten nicht über einen Kilometer pro Sekunde hinausgingen. Die Planeten selbst sind viel zu langsam, um sie zu überprüfen. Merkur zum Beispiel, der schnellste von ihnen, bewegt sich nur mit einer Geschwindigkeit von hundert Kilometern pro Sekunde, was nicht ausreicht.

Hätten wir keine höheren Geschwindigkeiten als diese zur Verfügung, könnten wir nicht entscheiden, ob die klassische Mechanik mit ihrer Massenkonstanz oder die neue Mechanik mit ihrer Behauptung der Veränderlichkeit richtig ist.

Es sind die Kathodenstrahlen und die Betastrahlen des Radiums, die uns Geschwindigkeiten geliefert haben, die für den Zweck der Überprüfung groß genug sind. Diese Strahlen bestehen aus einem ununterbrochenen Bombardement durch kleine und sehr schnelle Geschosse, von denen jedes eine Masse von weniger als einem Zweitausendstel der Masse eines Wasserstoffatoms hat und mit negativer Elektrizität geladen ist. Es sind die *Elektronen.*

Die Radium-Kathodenröhren geben ein kontinuierliches Bombardement dieser winzigen Geschosse ab, die nicht mit Melinit, sondern mit Elektrizität geladen sind: weitaus kleiner als die Geschosse unserer Artillerie, aber mit unendlich höheren Anfangsgeschwindigkeiten belebt. Die Geschwindigkeit von "Berthas" Geschossen ist im Vergleich dazu verächtlich.

Aber wie war es möglich, die Geschwindigkeit dieser Geschosse zu messen?

Wir wissen, dass elektrifizierte Körper aufeinander einwirken. Sie ziehen sich gegenseitig an oder stoßen sich ab. Nun sind unsere Elektronen mit Elektrizität geladen. Wenn wir sie also in ein elektrisches Feld bringen, zwischen zwei Platten, die an den Rändern durch eine elektrische Maschine oder eine Induktionsspule verbunden sind, werden sie einer Kraft ausgesetzt, die sie veranlasst, ihre Richtung zu ändern. Mit anderen Worten, die Kathodenstrahlen ändern ihre Richtung unter dem Einfluss eines elektrischen Feldes. Das Ausmaß der Ablenkung hängt von der Geschwindigkeit der Projektile und von ihrer Masse ab, d. h. von dem Trägheitswiderstand, den die Masse den Ursachen entgegensetzt, die sie ablenken wollen.

Aber das ist noch nicht alles. Die elektrischen Ladungen, die von den Geschossen getragen werden, sind in Bewegung, sogar in schneller Bewegung. Nun ist Elektrizität in Bewegung ein elektrischer Strom, und wir wissen, dass Ströme durch Magnete oder Magnetfelder abgelenkt werden. Daher werden die Kathodenstrahlen durch den Magneten abgelenkt. Diese Ablenkung hängt, wie die erste, von der Geschwindigkeit und der Masse des Projektils ab, aber nicht in gleicher Weise. Unter sonst gleichen Bedingungen ( ) wird die magnetische Ablenkung größer sein als die elektrische, wenn die Geschwindigkeit hoch ist. Die magnetische Ablenkung ist in der Tat auf die Wirkung des Magneten auf den Strom zurückzuführen. Sie ist umso größer, je stärker der Strom ist, und der Strom ist umso stärker, je höher die Geschwindigkeit ist, da die Bewegung des Geschosses den Strom verursacht. Andererseits wird die Flugbahn unserer kleinen Projektile weniger durch die elektrische Anziehung beeinflusst, je größer die Geschwindigkeit des Projektils ist.

Es ist daher leicht einzusehen, dass wir, wenn wir einen Kathodenstrahl der Wirkung eines elektrischen Feldes und dann der eines magnetischen Feldes aussetzen, durch den Vergleich der beiden Abweichungen gleichzeitig die Geschwindigkeit des Projektils und seine Masse (bezogen auf die bekannte elektrische Ladung des Elektrons) messen können.

Auf diese Weise werden enorme Geschwindigkeiten erreicht, die von einigen zehn Kilometern bis zu 150.000 Kilometern pro Sekunde und noch mehr reichen. Die Betastrahlen des Radiums sind noch schneller. In einigen Fällen erreichen sie Geschwindigkeiten, die nicht weit unter denen des Lichts liegen und mehr als 290.000 Kilometer pro Sekunde betragen. Das sind genau die Geschwindigkeiten, die wir brauchen, um zu prüfen, ob die Masse mit ihnen zunimmt oder nicht.

Um den Verlauf der Experimente besser zu verstehen, müssen wir noch ein paar Worte über das merkwürdige Phänomen der elektrischen Trägheit sagen, das man *Selbstinduktion* nennt. Wenn wir einen elektrischen Strom in Gang setzen wollen, stellen wir einen gewissen Anfangswiderstand fest, der aufhört, sobald der Strom beginnt. Wenn wir danach den Strom unterbrechen wollen, neigt er dazu, sich selbst aufrechtzuerhalten, und wir haben die gleiche Mühe, ihn anzuhalten, wie ein fahrendes Auto. Das ist eine tägliche Erfahrung . Manchmal verlässt die Laufkatze einer Straßenbahn für einen Moment den stromführenden Draht, und wir sehen dann Funken. Warum ist das so?

Es gab einen Strom, der vom Draht zum Wagen floss, und wenn sich der Wagen für einen Moment vom Draht löst und einen Luftzwischenraum hinterlässt, der den Durchgang der Elektrizität behindert, hört der Strom nicht auf. Er ist sozusagen in Gang gesetzt worden und überspringt das Hindernis in Form eines Funkens. Dieses Phänomen nennen wir Selbstinduktion.

Die Selbstinduktion - oder "Selbst", wie die Elektrofachleute es nennen - ist eine echte Trägheit. Das umgebende Medium bietet der Kraft, die dazu neigt, einen elektrischen Strom zu erzeugen, und der Kraft, die dazu neigt, einen bereits erzeugten Strom zu stoppen, Widerstand, genauso wie die Materie der Kraft widersteht, die dazu neigt, sie von der Ruhe in die Bewegung oder von der Bewegung in die Ruhe zu versetzen. Es gibt also eine echte elektrische Trägheit ebenso wie eine mechanische Trägheit.

Aber unsere kathodischen Geschosse, unsere Elektronen, sind geladen. Wenn sie sich in Bewegung setzen, fließt ein elektrischer Strom; wenn sie zur Ruhe kommen, hört der Strom auf. Neben der mechanischen Trägheit müssen sie also auch eine elektrische Trägheit haben. *Sie haben sozusagen zwei Trägheiten, d. h. zwei träge Massen, eine reale und mechanische Masse und eine scheinbare Masse, die auf die elektromagnetische Selbstinduktion zurückzuführen ist.* Wenn man die beiden Abweichungen, die elektrische und die magnetische, der Beta-Strahlen des Radiums oder der Kathodenstrahlen untersucht, kann man die jeweiligen Anteile jeder dieser Massen an der Gesamtmasse des Elektrons bestimmen. Die elektromagnetische Masse, die auf die von uns erläuterten Ursachen zurückzuführen ist, ändert sich mit der Geschwindigkeit, und zwar nach bestimmten Gesetzen, die wir aus der Theorie der Elektrizität entnehmen. Indem wir die Beziehung zwischen der Gesamtmasse und der Geschwindigkeit beobachten ( ), können wir sehen, welcher Teil zur realen und unveränderlichen Masse gehört und welcher zur scheinbaren Masse elektromagnetischen Ursprungs.

Das Experiment wurde wiederholt von renommierten Physikern durchgeführt. Das Ergebnis ist überraschend: Die tatsächliche Masse ist *gleich Null*, und die gesamte Masse des Teilchens ist elektromagnetischen Ursprungs. Das ist etwas, das unsere Vorstellungen über das Wesen dessen, was wir Materie nennen, völlig verändern wird. Aber das ist eine andere Geschichte.

Die Physiker fragten sich dann - darauf kamen wir, nachdem wir verschiedene Schwierigkeiten aus dem Weg geräumt hatten -, ob die Beziehung zwischen der Masse und der Geschwindigkeit der kathodischen Geschosse dieselbe sei wie die, die wir aufgrund des Relativitätsprinzips gefunden hatten.

Das Ergebnis der Experimente ist absolut eindeutig und konsistent, und einige von ihnen haben sich mit Betastrahlen beschäftigt, die einem Massenwert entsprechen, der zehnmal größer ist als die ursprüngliche Masse. Dieses Ergebnis lautet: Die Masse variiert mit der Geschwindigkeit, und zwar in genauer Übereinstimmung mit den numerischen Gesetzen der Einsteinschen Dynamik.

Hier liegt eine neue und wertvolle experimentelle Bestätigung vor. Dies wiederum zeigt, dass die klassische Mechanik nur eine grobe Annäherung war, die höchstens für die vergleichsweise geringen Geschwindigkeiten gilt, mit denen wir im sehr eingeschränkten Ablauf des täglichen Lebens zu tun haben.

So ist die Masse von Körpern, die Newtonsche Eigenschaft, von der man glaubte, sie sei das Symbol der Beständigkeit schlechthin, das Äquivalent dessen, was Vertragstreue in der moralischen Ordnung der Dinge ist, jetzt nur noch ein kleiner Koeffizient, variabel, wellenförmig und relativ zum Blickwinkel. Aufgrund der von uns beschriebenen Reziprozität nimmt die Masse eines Objekts, wenn es sich um eine Kontraktion aufgrund der Geschwindigkeit handelt ( ), in gleicher Weise zu, und zwar nicht nur, wenn das Objekt verschoben wird, sondern auch, wenn der Beobachter verschoben wird, ohne dass ein anderer, mit dem Objekt verbundener Beobachter den Unterschied feststellen könnte.

Bei einem Messstab beispielsweise, der sich mit einer Geschwindigkeit von etwa 260.000 Kilometern pro Sekunde bewegt, wird nicht nur seine Länge um die Hälfte verkürzt, sondern gleichzeitig auch seine Masse verdoppelt. Damit vervierfacht sich seine Dichte, also das Verhältnis von Masse zu Volumen.

Die physikalischen Ideen, von denen man glaubte, sie seien am festesten etabliert, am konstantesten, am unerschütterlichsten, sind durch den Sturm der neuen Mechanik entwurzelt worden. Sie sind zu weichen und plastischen Dingen geworden, die von der Geschwindigkeit geformt werden.

Weitere Bestätigungen der neuen Formel, ganz unabhängig von der soeben beschriebenen, wurden kürzlich von Physikern geliefert. Eine der erstaunlichsten ist in der Spektroskopie zu finden.

Wenn man bekanntlich einen Sonnenstrahl, der durch einen schmalen Spalt eintritt, durch den Rand eines Glasprismas laufen lässt, breitet sich der Strahl beim Austritt aus dem Prisma wie ein schöner Fächer aus, dessen aufeinanderfolgende Blätter aus den verschiedenen Farben des Regenbogens bestehen. Wenn wir diesen farbigen Fächer genau betrachten, bemerken wir bestimmte feine Unterbrechungen, schmale Linien oder Lücken, in denen kein Licht zu sehen ist. Sie sehen aus wie Schnitte, die man mit einer Schere in unseren vielfarbigen Fächer gemacht hat. Es sind die dunklen Linien des Sonnenspektrums. Jede dieser Linien oder jede Gruppe von ihnen entspricht einem bestimmten chemischen Element und dient dazu, dieses zu identifizieren, sei es in unseren Laboratorien oder in der Sonne und den Sternen.

Es wurde schon vor langer Zeit erklärt, dass diese Linien auf Elektronen zurückzuführen sind, die schnell um die Atomkerne kreisen. Ihre plötzlichen Geschwindigkeitsänderungen führen zu einer Welle (wie die, die im Wasser entsteht, wenn man einen Kieselstein hineinfallen lässt) im umgebenden Medium, und dies ist eine der charakteristischen Lichtwellen des Atoms. Sie zeigt sich in einer der Linien des Spektrums. Der dänische Physiker Bohr hat diese Theorie kürzlich im Detail entwickelt und gezeigt, dass sie die verschiedenen Spektrallinien der verschiedenen chemischen Elemente genau erklärt. Diese unterscheiden sich, wie ich anmerken möchte, durch die Anzahl und Anordnung der Elektronen, die in ihren Atomen kreisen.

Nun hat Sommerfeld wie folgt argumentiert. Die Elektronen, die in der Nähe des Zentrums eines Atoms gravitieren, müssen eine höhere Geschwindigkeit haben als diejenigen, die im äußeren Teil des Atoms kreisen, so wie die kleineren Planeten, Merkur und Venus, viel schneller um die Sonne kreisen als die größeren Planeten, Jupiter und Saturn. Daraus folgt, wenn Lorentz und Einstein Recht haben, dass die Masse der inneren Elektronen der Atome größer sein muss als die der äußeren Elektronen: deutlich größer, da die ersteren mit enormen Geschwindigkeiten kreisen. Wir können berechnen, dass unter diesen Bedingungen jede Linie im Spektrum eines chemischen Elements in Wirklichkeit aus einer Reihe feiner Linien bestehen muss, die miteinander verbunden sind. Genau das hat Paschen später (1916) festgestellt. Er entdeckte, dass die Struktur der feinen Linien genau so ist, wie Sommerfeld sie vorhergesagt hatte. Es war eine erstaunliche Bestätigung einer Hypothese: ein Beweis für die Richtigkeit der neuen Mechanik.

Aber das ist noch nicht alles. Wir wissen, dass es sich bei den Röntgenstrahlen um Schwingungen handelt, die dem Licht ähnlich sind. Sie haben denselben Ursprung, bestehen aber aus viel kürzeren Wellen, oder Wellen mit einer viel höheren Frequenz. Während also das Licht von den äußeren Elektronen des Miniatur-Sonnensystems, das wir als Atom bezeichnen, ausgeht, kommen die Röntgenstrahlen von den schnellsten Elektronen, die dem Zentrum am nächsten sind. Daraus folgt, dass die besondere Struktur der feinen Linien, die auf die Änderung der Masse des Elektrons mit seiner Geschwindigkeit zurückzuführen ist, im Fall der Röntgenstrahlen viel ausgeprägter sein muss als im Fall der Spektrallinien des Lichts. Auch dies wurde durch das Experiment bestätigt. Die Zahlen, die die beobachteten Tatsachen ausdrücken, stimmen genau mit den Berechnungen der neuen Mechanik überein, was die vorhergesagte Veränderung der Masse mit der Geschwindigkeit betrifft.

Es steht also fest, dass die Phänomene, die sich im Mikrokosmos eines jeden Atoms abspielen, den Gesetzen der neuen und nicht der alten Mechanik unterliegen, und dass insbesondere die bewegten Massen so variieren, wie es die neue Mechanik verlangt.

Die Erfahrung, die "einzige Quelle der Wahrheit", hat ihr Urteil gefällt.

Wir sind heute sehr weit von den Vorstellungen entfernt, die einst vorherrschend waren. Lavoisier lehrte uns, dass Materie weder geschaffen noch zerstört werden kann. Sie bleibt immer dieselbe. Er meinte damit, dass die Masse unveränderlich ist, was er mit Hilfe von Waagen bewies. Nun zeigt sich, dass Körper vielleicht gar keine Masse haben, wenn sie ausschließlich elektromagnetischen Ursprungs ist, und dass die Masse auf jeden Fall nicht unveränderlich ist. Das bedeutet nicht, dass das Gesetz von Lavoisier jetzt keine Bedeutung mehr hat. Es bleibt etwas, das der Masse bei niedrigen Geschwindigkeiten entspricht. Unsere Vorstellung von Materie wird jedoch revolutioniert. Mit Materie meinten wir vor allem die Masse, die uns gleichzeitig als die greifbarste und beständigste ihrer Eigenschaften erschien. Nun hat diese "Masse" nicht mehr Realität als die Zeit und der Raum, in denen wir sie zu verorten glaubten! Unsere festen Realitäten waren nur Phantome.

Der Leser muss mir die Schwierigkeiten verzeihen, die er in dieser Darstellung findet. Die neue Mechanik eröffnet uns so seltsame neue Horizonte, dass sie weit mehr als nur einen schnellen und oberflächlichen Blick wert ist. Wenn Sie eine riesige Aussicht in einer unerforschten Welt sehen wollen, dürfen Sie nicht zögern, ein paar grobe Klettereien zu unternehmen, wie atemlos sie Sie auch sein mögen.

Schließlich gibt es noch einen weiteren Grundgedanken der Mechanik, nämlich den der *Energie*, der im Lichte der Einsteinschen Theorie einen neuen Aspekt erhält: einen Aspekt, der seinerseits weitgehend durch das Experiment gerechtfertigt ist.

Wir haben gesehen, dass ein mit Elektrizität geladener und in Bewegung befindlicher Körper aufgrund der elektrischen Trägheit, die als Selbstinduktion bezeichnet wird, einen gewissen Widerstand gegen Störungen leistet. Berechnung und Experiment zeigen, dass, wenn wir die Dimensionen eines Körpers, der mit einer bestimmten Menge an Elektrizität geladen ist, ohne Änderung der Ladung, die elektrische Trägheit erhöht. In der Tat, in unserer Hypothese, und wenn die Trägheit ist völlig elektro-magnetischen Ursprungs, die Elektronen sind jetzt nur eine Art von elektrischen Spuren, die in der Ausbreitung Medium der elektrischen und leuchtenden Wellen, die wir als Äther.

Die Elektronen sind an sich nichts mehr. Sie sind lediglich, in den Worten von Poincaré, eine Art "Löcher im Äther", um die der Äther drückt, so wie ein See Strudel bildet, die das Vorankommen eines Bootes behindern.

In diesem Fall gilt jedoch: Je kleiner die Löcher im Äther sind, desto größer ist die Bewegung des Äthers um sie herum und, , desto größer ist folglich die Trägheit des "Lochs im Äther", das das untersuchte Teilchen darstellt. Was wird daraus folgen? Wir wissen aus unseren Messungen, dass die Masse der winzigen Sonne eines jeden Atoms, des *positiven Kerns*, um den die Planetenelektronen kreisen, größer ist als die eines Elektrons. Wenn diese Masse und die entsprechende Trägheit elektromagnetischen Ursprungs sind, folgt daraus, dass der positive Kern des Atoms viel kleiner ist als das Elektron.

Betrachten wir das Wasserstoffatom, das leichteste und einfachste aller Gase. Wir wissen, dass es nur aus einem einzigen Planeten besteht, einem einzigen negativen Elektron, das um die winzige zentrale Sonne, den positiven Kern, kreist. Wir wissen auch, dass die Masse des Elektrons zweitausendmal so klein ist wie die des Wasserstoffatoms. Daraus folgt, wie wir berechnen können, dass der *positive Kern* einen Radius haben muss, der zweitausendmal kleiner ist als der des Elektrons. Nun haben die Experimente der englischen Physiker bewiesen, dass die großen Alpha-Teilchen der Radium-Emanation Hunderttausende von Atomen durchqueren können, ohne vom positiven Kern merklich abgelenkt zu werden. Wir schließen daraus, dass dieser in Wirklichkeit viel kleiner ist als das Elektron, wie es die Theorie vorausgesagt hat.

All dies zwingt uns unwiderstehlich zu der Annahme, dass die Trägheit der verschiedenen Bestandteile der Atome, d.h. der gesamten Materie, ausschließlich elektromagnetischen Ursprungs ist. Es gibt keine Materie mehr. Es gibt nur elektrische Energie, die uns durch die Reaktionen des sie umgebenden Mediums zu dem falschen Glauben an die Existenz dieses substanziellen und massiven Etwas führt, das Hunderte von Generationen "Materie" zu nennen gewohnt waren.

Und aus all dem folgt auch, durch Berechnung und durch die einfache und elegante Argumentation Einsteins, von der ich hier nur eine schwache Andeutung wiedergebe, dass Masse und Energie ein und dasselbe sind, oder zumindest die zwei verschiedenen Seiten ein und derselben Medaille sind. Es gibt also keine materielle Masse mehr. Im äußeren Universum gibt es nichts als Energie. Eine seltsame - in gewisser Weise fast spirituelle - Wendung für die moderne Physik!

Nach alledem muss der größere Teil der "Masse" der Körper auf eine beträchtliche und verborgene innere Energie zurückzuführen sein. Es ist diese Energie, die wir allmählich in radioaktiven Körpern zerstreut finden, den einzigen Reservoirs atomarer Energie, die sich bisher nach außen hin geöffnet haben.

Wenn dies zutrifft, wenn Energie und Masse gleichbedeutend sind, wenn Masse nur Energie ist, dann folgt daraus, dass freie Energie die

Eigenschaft der Masse besitzen muss. Tatsächlich hat zum Beispiel das Licht eine Masse. Sorgfältige Experimente haben gezeigt, dass ein Lichtstrahl, der auf ein materielles Objekt trifft, auf dieses einen Druck ausübt, der gemessen wurde. Das Licht hat eine Masse, also hat es ein Gewicht, wie alle Massen. Wenn wir die neue Form betrachten, die Einstein dem Problem der Gravitation gegeben hat, werden wir einen weiteren und schönen Beweis dafür sehen, dass Licht Gewicht hat.

Wir können berechnen, dass das Licht, das die Erde innerhalb eines Jahres von der Sonne empfängt, etwas mehr als 58.000 Tonnen beträgt. Das scheint sehr wenig zu sein, wenn man an das gewaltige Gewicht der Kohle denkt, die benötigt würde, um unseren Globus auf der Temperatur zu halten, auf der die Sonne ihn hält - im Falle eines plötzlichen Erlöschens unseres Leuchtkörpers.

Der Grund für den Unterschied liegt darin, dass wir, wenn wir aus einer bestimmten Menge Kohle Wärme erzeugen, nur einen kleinen Teil ihrer gesamten Energie, ihrer chemischen Energie, nutzen. Die intra-atomare Energie ist für uns unzugänglich. Das ist schade, denn sonst bräuchten wir nur ein paar Unzen Kohle, um alle Städte und Werkstätten Englands ein ganzes Jahr lang mit Wärme zu versorgen! Wie viele Probleme würde das vereinfachen! Wenn die Menschheit aus der Unwissenheit und der unbeholfenen Barbarei, in der sie heute lebt, heraustritt - also in einigen hundert Jahrhunderten -, wird dies erreicht sein. Ja, es wird eines Tages geschehen. Es wird ein herrliches Schauspiel sein, auf das wir uns mit Recht im Voraus freuen können.

In der Zwischenzeit verliert unsere Sonne, wie alle anderen Sterne, wie jeder glühende Körper, ihr Gewicht in dem Maße, wie sie strahlt. Aber das geschieht so langsam, dass wir nicht befürchten müssen, dass sie irgendwann verschwindet, wie die vergänglichen Dinge, die sterben, weil sie sich zu sehr hingegeben haben.

Um mit Einsteins Mechanik abzuschließen, möchte ich eine sehr anschauliche Anwendung dieser Ideen über die Identität von Energie und Masse wiedergeben.

In der Chemie gibt es ein bekanntes elementares Gesetz, das "Prout's Law" genannt wird. Es besagt, dass die Atommassen aller Elemente ganze Vielfache der Masse von Wasserstoff sein müssen. Da Wasserstoff von allen bekannten Körpern die leichtesten Atome hat, ging das Prout'sche Gesetz von der Hypothese aus, dass alle Atome aus einem Grundelement, dem Wasserstoffatom, aufgebaut sind. Diese angenommene Einheit der Materie scheint durch die Fakten immer mehr bestätigt zu werden. Einerseits ist bewiesen, dass die Elektronen, die aus verschiedenen chemischen Elementen stammen, identisch sind. Andererseits sehen wir bei der Umwandlung von radioaktiven Körpern, dass sich schwere Atome vereinfachen, indem sie nacheinander Atome des Heliumgases ausstoßen. Schließlich hat der große britische Physiker Sir Ernest Rutherford 1919 gezeigt, dass man unter bestimmten Umständen Wasserstoffatome aus Stickstoffatomen herauslösen kann, wenn man sie mit Radiumstrahlen beschießt. Dieses Experiment, dessen Bedeutung noch nicht vollständig erkannt wurde - es handelt sich um die erste wirklich vom Menschen durchgeführte Transmutation -, ist ebenfalls ein Beweis für die Richtigkeit der Proutschen Hypothese.

Wenn man jedoch die Atommassen der verschiedenen chemischen Elemente genau misst und vergleicht, stellt man fest, dass sie nicht streng mit dem Prout'schen Gesetz übereinstimmen. Während beispielsweise die Atommasse von Wasserstoff 1 ist, beträgt die von Chlor 35-46, was kein ganzes Vielfaches von 1 ist.

Aber wir können berechnen, dass, wenn die Bildung komplexer Atome von Wasserstoff aufwärts, wie es wahrscheinlich ist, von Schwankungen der inneren Energie begleitet wird, als Folge der Abstrahlung einer bestimmten Menge an Energie während der Kombination, es notwendigerweise folgt (da die verlorene Energie Gewicht hat), dass es Schwankungen in der Masse des zusammengesetzten Körpers geben wird, und diese werden die bekannten Abweichungen vom Prout'schen Gesetz erklären.

Bei unserer etwas überstürzten und informellen Exkursion in den Busch der neuen Tatsachen, die die von Lorentz umrissene und von Einstein vervollständigte Mechanik bestätigen, ist unser Fortschritt ziemlich schwierig gewesen. Da wir keine Terminologie und keine technischen Formeln verwenden konnten, die in diesem Werk unpassend wären, mussten wir uns mit kühnen und schnellen Schritten in die Gebiete begnügen, die wir erforschen wollten. Vielleicht haben sie ausgereicht, um dem Leser zu verdeutlichen, was für eine Revolution in den Grundlagen der Wissenschaft, was für eine Explosion inmitten ihrer jahrhundertealten Fundamente die geniale Synthese von Einstein ausgelöst hat. Ein neues Licht fällt nun auf alle, die langsam die Hänge des Wissens erklimmen: auf alle, die weise auf den Wunsch verzichten, das "Warum" zu wissen, und wenigstens das "Wie" in vielen Dingen lernen wollen.

Kurz vor seinem Tod, voraussehend, mit der Intuition des Genies, dass eine neue Ära eröffnet in der Mechanik, Poincaré riet Professoren nicht zu lehren, die neuen Wahrheiten zu den jungen, bis sie waren durchdrungen bis zum Mark ihrer Knochen in der älteren Mechanik.

"Es ist", fügte er hinzu, "die gewöhnliche Mechanik, um die sich ihr Leben dreht: sie ist die einzige, die sie jemals anzuwenden haben wird. Welche Geschwindigkeit unsere Automobile auch immer erreichen mögen, sie werden nie eine Geschwindigkeit erreichen, bei der die alte Mechanik aufhört, wahr zu sein. Das Neue ist ein Luxus, und wir dürfen nur dann an Luxus denken, wenn es ohne Schaden für das Notwendige möglich ist."

Ich würde von Poincarés Text aus an den Mann selbst appellieren. Für ihn war dieser Luxus, die Wahrheit, eine Notwendigkeit. An dem fraglichen Tag dachte er zwar an die Jugend. Aber hören die Menschen jemals auf, Kinder zu sein? Darauf hätte der viel zu früh von uns gegangene Meister in seiner ernsten, lächelnden Art geantwortet: "Ja - auf jeden Fall ist es besser, dies anzunehmen."

KAPITEL V

VERALLGEMEINERTE RELATIVITÄTSTHEORIE

Gewicht und Trägheit - Zweideutigkeit des Newtonschen Gesetzes - Gleichwertigkeit von Gravitation und beschleunigter Bewegung - Jules Vernes Projektil und das Trägheitsprinzip - Warum Lichtstrahlen der Gravitation unterliegen - Wie das Licht der Sterne gewogen wird - Eine Sonnenfinsternis als Lichtquelle.

Wir stehen nun an der Schwelle zum großen Geheimnis der Gravitation.

Im <u>vorangegangenen Kapitel</u> haben wir gesehen, wie Einstein sowohl die langsamen Bewegungen massiver Objekte als auch die weitaus schnelleren Bewegungen des Lichts unter ein großartiges Gesetz gebracht hat. Bis dahin waren sie getrennte und anarchische Provinzen des Universums gewesen. Jetzt wissen wir, dass für Mechanik und Optik die gleichen Gesetze gelten. Wenn es eine Zeit lang anders aussah, dann deshalb, weil bei Geschwindigkeiten, die sich denen des Lichts annähern, die Längen und Massen der Objekte in den Augen des Beobachters eine Veränderung erfahren, die bei den bekannten Geschwindigkeiten nicht wahrnehmbar ist. Es ist die Kraft der Synthese, die Einsteins Mechanik so großartig macht. Dank ihr nehmen wir mehr Einheit, mehr Harmonie, mehr Schönheit wahr als früher in diesem erstaunlichen Universum, in dem unsere Gedanken und unsere Ängste so flüchtig sind.

Die Relativitätstheorie hat jedoch bis heute ein Phänomen nicht berührt, das grundlegend, wesentlich und allgegenwärtig in unserem Kosmos ist. Ich meine die Gravitation, die geheimnisvolle Eigenschaft der Körper, die das winzige Atom ebenso beherrscht wie den gigantischsten Stern und ihre Bahnen in majestätischen Kurven lenkt.

Die universelle Anziehungskraft, die wir, was die Erde betrifft, Gewicht nennen, war eine Art steile Insel im Meer der Phänomene, etwas, das mit dem Rest der Naturphilosophie nichts zu tun hatte.

Der Einsteinsche Mechanismus, wie wir ihn bisher beschrieben haben, ging an dieser Insel vorbei und nahm sie nicht zur Kenntnis. Aus diesem Grund wurde er in dieser Form als "Spezielle Relativitätstheorie" bezeichnet. Um sie in ein perfektes Instrument der Synthese zu verwandeln, musste das Phänomen der Gravitation eingeführt werden. Auf diese Weise krönte Einstein sein Werk, und sein System nahm die Form an, die man als "Allgemeine Relativitätstheorie" bezeichnet.

Einstein hat die Gravitation aus ihrer "prächtigen Isolation" herausgeholt und sie, gefügig und besiegt, in den Triumphwagen seiner Mechanik eingefügt. Darüber hinaus hat er dem berühmten Newtonschen Gesetz eine korrektere Form gegeben, und das Experiment, der oberste Richter, hat diese Form als die einzig richtige erklärt.

Wie er dies tat, durch welche subtile und mächtige Kette von Argumentation, durch welche Berechnungen auf der Grundlage von Tatsachen, werde ich jetzt versuchen zu sagen, und ich werde wieder mein Bestes tun, um das Netz von Stacheldraht der mathematischen Terminologie zu vermeiden.

Warum glaubte Newton, gefolgt von der gesamten klassischen Wissenschaft, dass die Gravitation, der Fall von Körpern, nicht zu der Mechanik gehört, deren Gesetze er formulierte? Warum, mit einem Wort, betrachtete er die Gravitation als eine Kraft oder - um einen vagen, aber allgemeineren Begriff zu verwenden - als eine Wirkung, die schwere Körper daran hindert, ihre Position im Raum *frei* zu verändern?

Wegen des Prinzips der Trägheit. Dieses Prinzip, die Grundlage der gesamten Newtonschen Mechanik, lässt sich folgendermaßen ausdrücken: Ein Körper, auf den keine Kraft einwirkt, behält seine Geschwindigkeit und Richtung unverändert bei.

Warum statten wir Dampfmaschinen mit den schweren Rädern aus, die wir "Schwungräder" nennen und die nichts bewirken? Weil das Prinzip der Trägheit fast immer zutrifft. Wenn die Maschine eine plötzliche und scharfe Kontrolle oder eine Beschleunigung erfährt, dient das Schwungrad dazu, sie ruhig zu halten. Angetrieben von der Geschwindigkeit, die es erreicht hat, und den Motor seinerseits antreibend, neigt es dazu, seine Geschwindigkeit beizubehalten, und es verhindert oder modifiziert zufällige Stöße oder Beschleunigungen. Das Prinzip beruht also auf Erfahrung, insbesondere auf den Experimenten von Galilei, der es durch das Abrollen von Kugeln auf unterschiedlich geneigten Ebenen nachwies.

Wir stellen zum Beispiel fest, dass eine Kugel, die auf einer hochglanzpolierten horizontalen Fläche in Bewegung gesetzt wird, ihre Richtung beibehält und ihre Geschwindigkeit beibehalten würde, wenn der Widerstand der Atmosphäre und die Reibung der Fläche sie nicht allmählich auf Null reduzieren würden. Wir stellen fest, dass die Kugel ihre Geschwindigkeit um so länger beibehält, je mehr wir die Reibung verringern.

Das Newtonsche Trägheitsprinzip beruht auf einer Reihe dieser Experimente. Es handelt sich keineswegs um eine selbstverständliche mathematische Wahrheit. Das ist so wahr, dass die antiken Denker im Gegensatz zur klassischen Mechanik glaubten, dass die Bewegung aufhört, sobald die Ursache dafür beseitigt ist. Einige griechische Philosophen waren sogar der Meinung, dass sich alle Körper im Kreis bewegen, wenn sie nicht gestört werden, denn die Kreisbewegung ist die edelste aller Bewegungen.

Wir werden später sehen, wie das Trägheitsprinzip von Einsteins verallgemeinerter Mechanik eine seltsame Affinität zu dieser Idee und gleichzeitig zu der seltsamen Deklination, dem *Clinamen*, hat, die der große und tiefsinnige Lukrez der freien Bahn der Atome zuschrieb. Aber wir dürfen nicht vorgreifen.

Diese Überzeugung, dass ein Objekt, das sich selbst überlassen ist und auf das keine Kraft einwirkt, seine Geschwindigkeit und Richtung beibehält, kann nicht mehr als eine experimentelle Wahrheit sein. Aber die Beobachtungen, auf die sie sich stützt, insbesondere die von Galilei, aber auch alle, die sich die Physiker ausdenken, können unmöglich schlüssig sein, weil es in der Praxis unmöglich ist, einen sich bewegenden Körper vor jeder äußeren Kraft, wie dem atmosphärischen Widerstand, der Reibung oder anderen zu schützen.

Ich bin mir bewusst, dass Newton sein Prinzip sowohl auf astronomische als auch auf irdische Beobachtungen stützte. Er stellte fest, dass die Planeten, *abgesehen von jeglicher Anziehung durch andere Himmelskörper* und soweit wir sehen können, ihre Richtung und Geschwindigkeit relativ zum Himmelsgewölbe beizubehalten scheinen. Die Relativisten sind jedoch der Meinung, dass die kursiv gedruckten Worte im vorhergehenden Satz, die Newtons Idee widerspiegeln, in Wirklichkeit die Frage aufwerfen. Sein Argument geht davon aus, dass die Planeten nicht *frei* zirkulieren, sondern dass sie in ihren Bewegungen von einer Kraft beherrscht werden, die er als universelle Anziehungskraft bezeichnete.

Wir werden sehen, wie Einstein zu der Auffassung gelangt ist, dass es sich dabei nicht um eine Kraft handelt, und in diesem Fall ist das Thema des Arguments ein ganz anderes. Wie dem auch sei, das klassische Trägheitsprinzip ist eine auf (unvollkommener) Erfahrung beruhende Wahrheit und unterliegt daher der ständigen Kontrolle durch die Tatsachen. Alles, was wir darüber sagen können, ist, dass es praktisch - d.h. ungefähr - mit dem übereinstimmt, was wir vorfinden.

Newton betrachtete sie nicht als solche, nicht als eine mehr oder weniger genaue Annäherung, sondern als eine strenge Wahrheit. Als er feststellte, dass sich die Planeten nicht in geraden Linien, sondern in gekrümmten Bahnen bewegen, schloss er daher - was eine *petitio principii* ist -, *dass* sie einer zentralen Kraft, der Gravitation, unterliegen. Deshalb schienen ihm schwere Körper nicht den mechanischen Gesetzen zugänglich zu sein, die er für sich selbst überlassene Körper formuliert hatte. Das ist der Grund, warum, kurz gesagt, Newtons Gravitationsgesetz und seine Gesetze der Dynamik zwei verschiedene und getrennte Dinge sind.

Das große Genie, der Geist, der seinesgleichen sucht, war dennoch ein Mensch. Der unsterbliche Descartes stellte seltsame Behauptungen und sehr okkulte Hypothesen auf (über die Zirbeldrüse und die Tiergeister), nachdem er sich ausdrücklich vorgenommen hatte, nichts zu behaupten, was er nicht klar und deutlich wahrgenommen hatte. In gleicher Weise hat Newton, nachdem er die *Hypothese "Hypotheses non fingo"* zu seinem Grundsatz erhoben hatte, die Hypothesen der absoluten Zeit und des absoluten Raums zur Grundlage seiner Mechanik gemacht. An die Basis seiner meisterhaften Theorie der Gravitation stellte er die Hypothese - die *a priori* leichter zuzulassen ist -, dass es eine besondere Kraft der Gravitation gibt.

Das sind Schwächen, denen auch die größten Männer nicht entgehen. Sie sollten uns dazu bringen, die feineren Aspekte ihrer Arbeit umso mehr zu bewundern. Die Furche, die diese großen Studenten des Unbekannten gepflügt haben, ist so tief, dass es, selbst wenn sie nicht gerade ist, zweieinhalb Jahrhunderte dauert, bis man auf die Idee kommt, erneut zu fragen, ob Newtons Unterscheidung zwischen rein mechanischen und Gravitationsphänomenen richtig war.

Es ist das besondere Verdienst Einsteins, dass ihm dies gelungen ist: Nachdem er viele Dinge, die als endgültig geklärt galten, ausradiert hatte, verschmolz er Mechanik und Gravitation in einer großartigen Synthese und ermöglichte es uns, die erhabene Einheit der Welt klarer zu erkennen.

Um die Wahrheit zu sagen - lassen Sie uns dies vorausschicken, bevor wir uns weiter mit den tiefen und wunderbaren Wahrheiten der Allgemeinen Relativitätstheorie befassen - ist es *a priori* offensichtlich, dass Newtons Gesetz der universellen Anziehung nicht mehr als zufriedenstellend angesehen werden kann.

Sie besagt: *Die Anziehungskraft von Körpern ist direkt proportional zu ihrer Masse und umgekehrt proportional zum Quadrat ihrer Entfernung.* Was bedeutet das? Wir haben gesehen, dass die Masse eines Körpers mit seiner Geschwindigkeit variiert. Wenn wir zum Beispiel die Masse unseres Planeten in Berechnungen einführen, die das Newtonsche Gesetz beinhalten, was genau meinen wir dann? Meinen wir die Masse, die die Erde hätte, wenn sie sich nicht um die Sonne drehen würde? Oder meinen wir die größere Masse, die sie aufgrund ihrer Bewegung hat? Diese Bewegung ist jedoch nicht immer gleich schnell, denn die Erde bewegt sich auf einer Ellipse und nicht auf einem Kreis. Welchen Wert sollen wir dieser variablen Masse in der Berechnung geben? Den, der dem Perihel oder dem Aphel entspricht, dem Zeitraum, in dem sich die Erde am schnellsten oder am langsamsten bewegt? Müsste man nicht auch die Translationsgeschwindigkeit des Sonnensystems berücksichtigen, die wiederum je nach Jahreszeit zu- oder abnimmt?

Noch einmal: Was soll nach dem Newtonschen Gesetz die Entfernung von der Erde zur Sonne sein? Soll es die Entfernung relativ zu einem Beobachter auf der Erde oder auf der Sonne sein, oder zu einem stationären Beobachter in der Mitte der Milchstraße, der die Bewegung unseres Systems durch die Milchstraße nicht teilt? Auch hier werden wir jeweils unterschiedliche Werte haben, denn die räumlichen Entfernungen variieren, wie wir bei Einstein gesehen haben, je nach der Relativgeschwindigkeit des Beobachters.

Das Newtonsche Gesetz ist also trotz seiner einfachen und kunstvollen Form zweideutig und alles andere als eindeutig. Ich bin mir bewusst, dass die Unterschiede, die ich gerade festgestellt habe, nicht sehr wichtig sind, aber unsere Berechnungen zeigen, dass sie keineswegs vernachlässigbar sind. Für die Einsteinianer ist es daher unbestreitbar, abgesehen von den Überlegungen, die wir gleich sehen werden, dass das Newtonsche Gesetz in seiner klassischen Form unklar ist und geändert und ergänzt werden muss.

Diese Vorbemerkungen dienen dazu, uns zumindest in die Geisteshaltung zu versetzen, die von Bilderstürmern verlangt wird; und in der Wissenschaft sind die Bilderstürmer oft die Urheber des Fortschritts. Die besonderen Götzen, denen wir ein paar kühne Schläge versetzen wollen, sind die Vorstellung des Newtonschen Gesetzes und der Gravitation.

Laplace schrieb in seiner *Exposition du Système du Monde*: "Es ist unmöglich zu leugnen, dass nichts in der Naturphilosophie vollständiger bewiesen ist als das Prinzip der universellen Gravitation, die von der Masse abhängt und umgekehrt proportional zum Quadrat der Entfernung ist." Nichts kann uns besser als dieser Satz des großen Mathematikers die Bedeutung des von Einstein unternommenen Schrittes verdeutlichen, als er, wie wir sehen werden, das verbesserte, was als der Typus, das vollkommenste Beispiel der wissenschaftlichen Wahrheit galt: das berühmte Newtonsche Gesetz.

Die Gravitation oder das Gewicht hat mit der Trägheit gemeinsam, dass es sich um ein ganz allgemeines Phänomen handelt. Alle materiellen Objekte, unabhängig von ihrer physikalischen und chemischen Beschaffenheit, sind sowohl träge (das heißt, sie widerstehen aufgrund ihrer Masse Kräften, die sie verschieben wollen) als auch schwer (sie fallen, wenn sie sich selbst überlassen werden). Seltsamerweise bemerkte Newton, auch wenn er sich der Bedeutung nicht bewusst war - er hielt es lediglich für einen außergewöhnlichen Zufall -, dass die gleiche Zahl, die die Trägheit eines Körpers definiert, auch sein Gewicht definiert. Diese Zahl ist die Masse des Körpers.

Kehren wir zur Veranschaulichung zurück, die ich in einem früheren Kapitel bei der Behandlung der Einsteinschen Mechanik verwendet habe. Wenn zwei Züge, die von zwei ähnlichen Lokomotiven gezogen werden, unter den gleichen Bedingungen starten und wenn die Geschwindigkeit, die dem ersten Zug am Ende einer Sekunde mitgeteilt wird, doppelt so groß ist wie die des zweiten, dann schließen wir daraus, dass die Trägheit, die träge Masse, des zweiten Zuges (ohne Berücksichtigung der Reibung mit den Schienen) doppelt so groß ist wie die des ersten. Wenn wir anschließend unsere beiden Züge wiegen, stellen wir fest, dass das Gewicht des zweiten ebenfalls doppelt so groß ist wie das des ersten.

Dieses Experiment wurde, obwohl es in unserer Darstellung grob genug ist, von Physikern mit großer Präzision durchgeführt, die heikle Methoden verwendeten, die wir hier nicht zu beschreiben brauchen. Das Ergebnis war das gleiche. Die träge Masse und das Gewicht von Körpern werden genau durch dieselben Zahlen ausgedrückt. Newton sah darin einen bloßen Zufall. Einstein fand darin den Schlüssel zu dem hermetisch verschlossenen und unverletzlichen Kerker, in dem die Gravitation vom Rest der Natur isoliert war. Lassen Sie uns sehen, wie.

Es gibt eine bemerkenswerte Eigenschaft der Schwerkraft oder der Gravitation: Unabhängig von der Art der Gegenstände fallen sie immer mit der gleichen Geschwindigkeit (abgesehen vom atmosphärischen Widerstand). Dies lässt sich leicht beweisen, indem man eine Reihe verschiedener Gegenstände in derselben Zeitspanne in ein langes Rohr fallen lässt, in dem ein Vakuum erzeugt wurde. Sie erreichen alle zur gleichen Zeit den Boden des Rohrs. Eine Tonne Blei und ein Blatt Papier werden, wenn sie gleichzeitig von der Spitze eines Turms ins Leere geschleudert werden, gleichzeitig den Boden erreichen, und zwar mit einer Geschwindigkeit, deren Beschleunigung in Bodennähe 981 Zentimeter pro Sekunde beträgt. Diese Tatsache war Lukrez bekannt.

Vor zweitausend Jahren schrieb dieser tiefsinnige und unsterbliche Dichter:

Nulli, de nulla parte, neque ullo

Tempore, inane potest vacuum subsistere rei,

Quin sua quod natura petit concedere pergat.

Omnia quapropter debent per inane quietum

Æque ponderibus non æquis concita ferri. [8]

Wäre nun das Gewicht eine *Kraft*, die der elektrischen Anziehung, dem Antrieb einer Lokomotive oder gar der treibenden Wirkung einer Pulverladung entspräche, so dürfte dies nicht der Fall sein. Die Geschwindigkeiten, die sie auf verschiedene Massen überträgt, müssten sich voneinander unterscheiden. Die beiden Züge mit ungleicher Masse in unserem Beispiel erhalten von derselben Lokomotive ungleiche Beschleunigungen. Trotzdem würden sie, wenn sich plötzlich ein großer Graben vor ihnen öffnen würde, mit der gleichen Geschwindigkeit hineinfallen.

Daraus ist nur ein Schritt zu schließen, dass die Gravitation keine Kraft ist, wie Newton dachte, sondern einfach eine Eigenschaft des Raums, in dem sich Körper frei bewegen. Einstein ging diesen Schritt ohne zu zögern.

Stellen Sie sich vor, das Seil des Aufzugs in einem kolossalen Wolkenkratzer reißt plötzlich. Der Aufzug wird mit einer beschleunigten Bewegung fallen, wenn auch weniger schnell als in einem Vakuum, aufgrund des atmosphärischen Widerstands und der

Reibung des Käfigs des Geräts. Aber nehmen wir weiter an, dass der elektrische Motor, der den Aufzug antreibt, gleichzeitig seinen Kommutator umgedreht hat und dies den Fall so beschleunigt, dass die Geschwindigkeit des Abstiegs in jeder Sekunde um 981 Zentimeter zunimmt. Es wäre für unsere Ingenieure ein Leichtes, dieses Experiment durchzuführen, obwohl das Interesse daran bisher nicht groß genug erschien, um es zu rechtfertigen. Aber wir haben das Recht, mit dem Dichter zu sagen, wenn es notwendig ist, ein Thema zu verdeutlichen:

Wenn du willst, lass uns einen Traum träumen.

Nehmen wir an, unser Traum sei wahr geworden. Der Aufzug fällt von oben mit genau der beschleunigten Geschwindigkeit eines Objekts, das in einem Vakuum fällt.

Wenn die Fahrgäste in ihrem Rausch nach unten einen kühlen Kopf bewahrt haben, um das Geschehen zu beobachten, werden sie feststellen, dass ihre Füße aufhören, den Boden des Aufzugs zu berühren. Sie können sich vorstellen, wie die charmante und poetische Prinzessin von La Fontaine:

Kein Grashalm hatte

Die leichten Spuren ihrer Schritte.

Die Geldbörsen unserer Passagiere werden, auch wenn sie mit Gold gefüllt sind, nicht mehr schwer in ihren Taschen sein, was sie vielleicht einen Moment lang beunruhigt. Wenn man ihnen die Hüte aus der Hand nimmt, bleiben sie neben ihnen in der Luft hängen. Wenn sie zufällig eine Waage bei sich haben, werden sie feststellen, dass die Pfannen auf gleicher Höhe stehen bleiben, auch wenn verschiedene Gewichte in eine Pfanne gelegt werden. Der Grund dafür ist, dass die Gegenstände als natürliche Folge ihres Gewichts mit der gleichen Geschwindigkeit wie der Aufzug selbst zu Boden fallen. Ihr Gewicht ist verschwunden.

Jules Verne beschrieb diesen Zustand in dem Projektil, das er sich vorstellte, um seine Helden von der Erde zum Mond zu bringen, in dem Moment, in dem das romantische Projektil den "neutralen Punkt" erreicht, d.h. den Punkt, an dem es die Schwerkraft der Erde verlässt, aber noch nicht in die des Mondes eingetreten ist. Man könnte hinzufügen, dass Jules Verne im Zusammenhang mit seinem Projektil einige kleine wissenschaftliche Irrtümer begangen hat. Insbesondere vergaß er, dass die unglücklichen Passagiere gemäß dem Trägheitsprinzip beim Abfeuern der Ladung wie Pfannkuchen gegen den Boden des Geschosses hätten gedrückt werden müssen, was sehr auffällig ist. Er nahm auch fälschlicherweise an, dass die Gegenstände im Projektil nur an dem Punkt aufhörten, an dem es sich genau zwischen den beiden Anziehungssphären der Erde und des Mondes befand, Gewicht zu haben.

Aber lassen wir diese Kleinigkeiten beiseite und kehren wir zu der bewundernswerten Veranschaulichung zurück, die er uns prophetisch zur Verfügung gestellt hat, um das Einsteinsche System zu erklären.

Nehmen wir das Projektil, wenn es beginnt, frei auf den Mond zu fallen. [9] Es ist offensichtlich, dass es sich von diesem Zeitpunkt an bis zur Landung auf dem Mond genau wie der von uns beschriebene Aufzug verhält.

Während dieses Sturzes auf den Mond werden die Passagiere, wenn sie auf wundersame Weise nicht beim Start platt gemacht wurden, sehen, wie die verschiedenen Gegenstände um sie herum plötzlich ihres Gewichts beraubt werden, in der Luft schweben und bei der geringsten Erschütterung an den Wänden oder dem gewölbten Dach des Geschosses haften bleiben. Sie werden sich außerordentlich leicht fühlen und ohne jede Anstrengung gewaltige Sprünge machen können. Das liegt daran, dass sie und alle Objekte um sie herum mit der gleichen Geschwindigkeit wie das Projektil auf den Mond fallen. Daher das Verschwinden von Gewicht oder Schwerkraft, die wie von einem Zauberer weggezaubert verschwinden. Der Zauberer ist die richtig beschleunigte Bewegung, der ungehinderte Fall der Beobachter.

Mit einem Wort: Um die scheinbaren Auswirkungen der Gravitation an einem beliebigen Ort zu beseitigen, genügt es, wenn der Beobachter eine angemessen beschleunigte Geschwindigkeit erreicht. Das ist es, was Einstein das "Äquivalenzprinzip" nennt: die Äquivalenz der Wirkungen der Schwerkraft und einer beschleunigten Bewegung. Das eine kann nicht vom anderen unterschieden werden.

Stellen wir uns vor, das Projektil von Jules Verne und seine unglücklichen Passagiere würden über eine große Entfernung von Mond, Erde und Sonne in eine verlassene und eisige Region der Milchstraße transportiert, in der es keine Materie gibt und die so weit von den Sternen entfernt ist, dass es kein Gewicht und keine Anziehungskraft mehr gibt. Nehmen wir an, dass unser Projektil dort verlassen und unbeweglich ist. Es ist klar, dass es unter diesen Umständen für die Passagiere kein Hoch oder Tief, kein Gewicht gibt. Sie sind von allen Unannehmlichkeiten des Gewichts befreit. Sie können, wenn sie wollen, auf der Innenwand des oberen Teils des Geschosses oder auf dem Boden stehen, so wie es war, als sie auf den Mond fielen.

Nehmen wir nun an, der Zauberer Merlin nähert sich leise, befestigt eine Schnur an dem Ring an der Spitze des Geschosses und beginnt, es mit gleichmäßig beschleunigter Bewegung zu ziehen. Was wird mit den Passagieren geschehen? Sie werden feststellen, dass sie plötzlich ihr Gewicht wiedererlangt haben und dass sie an den Boden des Projektils genietet sind, so wie sie an die Oberfläche unseres Planeten gezogen wurden, bevor sie ihn verließen. Wenn die Bewegung von Merlin mit 981 Zentimetern pro Sekunde beschleunigt wird, werden sie genau das gleiche Gefühl von Gewicht haben wie auf der Erde.

Sie werden feststellen, dass ein Teller, den sie in einem bestimmten Moment in die Luft werfen, auf den Boden fällt und zerbrochen wird. "Das ist", werden sie denken, "weil wir wieder dem Gewicht unterliegen. Der Teller fällt aufgrund seines Gewichts, seiner trägen Masse". Aber Merlin wird sagen: "Die Platte fällt, weil sie aufgrund ihrer Trägheit die zunehmende Geschwindigkeit beibehalten hat, die sie in dem Moment hatte, als sie geworfen wurde. Unmittelbar danach, als ich das Projektil mit einer beschleunigten Bewegung zog, war die Aufstiegsgeschwindigkeit des Projektils größer als die der Platte. Deshalb stieß das untere Ende des Geschosses in seiner beschleunigten Aufwärtsbewegung gegen die Platte und zerbrach sie."

Dies beweist, dass das Gewicht oder die Gravitation eines Körpers nicht von seiner Trägheit zu unterscheiden ist. Träge Masse und schwere Masse sind nicht, wie Newton annahm, zwei Dinge, die durch einen außergewöhnlichen Zufall gleich sind, sondern sie sind identisch und untrennbar. Die beiden Dinge sind wirklich eins.

Und so werden wir zu der Annahme verleitet, dass die Gesetze des Gewichts und die Gesetze der Trägheit, die Gesetze der Gravitation und die Gesetze der Mechanik identisch sein müssen oder zumindest zwei Modalitäten ein und derselben Sache sind: so wie das vollständige Gesicht und das Profil ein und desselben Mannes ein und dasselbe Gesicht sind, wenn man es aus zwei verschiedenen Winkeln betrachtet.

Selbst wenn die Reisenden im Projektil - die eher wie Meerschweinchen aussehen - aus dem Fenster schauen und die Schnur sehen, an der sie gezogen werden, wird dies nichts an ihrer Illusion ändern. Sie werden glauben, dass sie in Ruhe sind und an einem Punkt des Raums schweben, an dem das Gewicht wiederhergestellt wurde: das heißt, in der Sprache der Experten, an einem Punkt des Raums, an dem es ein "Gravitationsfeld" gibt. Dieser Ausdruck entspricht dem bekannten "Magnetfeld", das sich auf einen Teil des Raums bezieht, in dem eine magnetische Wirkung herrscht, einen Teil, in dem der Kompassnadel eine bestimmte Richtung aufgezwungen wird.

Zusammenfassend lässt sich sagen, dass wir ein Gravitationsfeld oder die Auswirkungen des Gewichts jederzeit durch eine entsprechend beschleunigte Bewegung des Beobachters ersetzen können und umgekehrt. Es besteht eine vollständige Äquivalenz zwischen den Wirkungen des Gewichts und denen einer angemessenen Bewegung.

Dies ermöglicht es uns, die folgende fundamentale Tatsache, die noch vor wenigen Jahren unbekannt war, nun aber auf brillante Weise experimentell bewiesen wurde, sehr einfach festzustellen: Das Licht bewegt sich in den Teilen des Universums, in denen Gravitation herrscht, nicht in einer geraden Linie, sondern seine Bahn ist gekrümmt wie die von schweren Objekten.

In einem der <u>vorangegangenen Kapitel</u> haben wir gezeigt, dass es in dem vierdimensionalen Kontinuum, in dem wir leben und das wir als "Raumzeit" bezeichnen könnten, das wir aber einfacher als Universum bezeichnen, etwas gibt, das konstant bleibt und für Beobachter, die sich mit bestimmten und unterschiedlichen Geschwindigkeiten bewegen, identisch ist. Es ist das "Intervall" der Ereignisse.

Es liegt nahe, anzunehmen, dass dieses "Intervall" auch dann identisch bleibt, wenn sich die Geschwindigkeit der Beobachter ändert - selbst wenn sie wie die Geschwindigkeit des Aufzugs in unserer Abbildung oder des Projektils von Jules Verne während ihres Falls beschleunigt wird.

Wenn nämlich etwas im Universum eine *Invariante* ist, wie die Physiker sagen, oder unveränderlich für die Beobachter, die sich mit unterschiedlichen Geschwindigkeiten bewegen, muss dieses Etwas *natürlich* für einen dritten Beobachter gleich bleiben, dessen Geschwindigkeit sich allmählich von der des ersten zu der des zweiten Beobachters ändert und der sich daher in einem Zustand gleichmäßig beschleunigter Bewegung befindet. Daraus leiten wir einige Konsequenzen mit fundamentalem Charakter ab.

Erstens ist eines offensichtlich und wird von den Physikern einhellig zugegeben: Im Vakuum und in einem Bereich des Raums, in dem keine Kraft wirkt und es kein Gewicht gibt, bewegt sich das Licht in einer geraden Linie. Das ist aus vielen Gründen sicher, in erster Linie aus Gründen der Symmetrie, denn in einem isotropen Vakuum weicht ein unbeeinflusster Strahl in keiner Richtung von seiner geradlinigen Bahn ab. Das ist offensichtlich, unabhängig von der Hypothese, die wir über die Natur des Lichts aufstellen, und selbst wenn wir wie Newton annehmen, dass es aus wägbaren Teilchen besteht.

Nehmen wir nun an, dass es an irgendeinem Punkt im Universum, wo es Gewicht gibt - zum Beispiel auf der Mondoberfläche - eine bemerkenswerte Waffe gibt, die eine Kugel abfeuern kann, die (auf ihrem gesamten Weg) die Lichtgeschwindigkeit hat und beibehält.

Die Flugbahn dieser Kugel wird aufgrund ihrer großen Geschwindigkeit sehr weit sein, aber aufgrund ihres Gewichts in Richtung der Mondoberfläche gekrümmt. Da wir auf dem Gebiet der Hypothesen unsere Wahl treffen können, spricht nichts gegen die Annahme, dass die Kugel so beschaffen ist, dass sie ihren Weg durch eine schwache Leuchtspur verrät. Während des Großen Krieges gab es Geschosse dieser Art.

Während sich die Kugel fortbewegt, fällt sie auch jede Sekunde in Richtung der Mondoberfläche, und zwar in demselben Ausmaß wie jedes andere Projektil, das mit beliebiger Geschwindigkeit abgefeuert wurde oder keine Geschwindigkeit hatte. Alle Objekte in der Nähe der Erdoberfläche (in einem Vakuum) fallen mit der gleichen vertikalen Geschwindigkeit, und zwar unabhängig von ihrer Bewegung in horizontaler Richtung. Das ist in der Tat der Grund, warum die Bahnen von Geschossen umso stärker gekrümmt sind, je geringer ihre Anfangsgeschwindigkeit ist.

Von den Fenstern von Jules Vernes Projektil aus gesehen (das selbst auf den Mond zufliegt), erscheint den Passagieren die Flugbahn der Kugel als eine gerade Linie, da sie mit der gleichen Geschwindigkeit fällt wie sie.

Nehmen wir nun an, dass ein Lichtstrahl aus der Flamme des Geschützes zur gleichen Zeit und in der gleichen Richtung wie die Kugel startet. Dieser Lichtstrahl wird für die Insassen des Geschosses natürlich geradlinig sein, da sich das Licht ohne Gewicht in einer geraden Linie bewegt. Da er die gleiche Form, Richtung und Geschwindigkeit wie die leuchtende Kugel hat, werden die Passagiere sehen, dass der Lichtstrahl in seinem gesamten Verlauf mit der Flugbahn der Kugel übereinstimmt.

Daraus folgt weiter, dass der zeitliche und räumliche Abstand zwischen dem Lichtstrahl und der Kugel gleich Null ist und bleibt. Dieses "Intervall" muss nun gleich bleiben, unabhängig von der Geschwindigkeit des Beobachters. Wenn also das Projektil von Jules Verne aufhört zu fallen und auf der Oberfläche des Mondes zum Stillstand kommt, werden seine Passagiere weiterhin sehen, dass der Lichtstrahl in jedem Punkt mit der Flugbahn der Kugel zusammenfällt. Diese Flugbahn ist, wie sie nun feststellen, aufgrund des Gewichts gekrümmt. Daher ist auch der Lichtstrahl in seiner Bahn aufgrund des Gewichts gekrümmt.

Dies zeigt, dass sich das Licht nicht in einer geraden Linie bewegt, sondern unter dem Einfluss der Gravitation wie alle anderen Objekte fällt. Der Grund dafür, dass dies bisher nicht bekannt war und man immer dachte, dass sich das Licht in einer geraden Linie bewegt, ist, dass aufgrund der enormen Geschwindigkeit des Lichts seine Flugbahn durch das Gewicht nur sehr geringfügig gekrümmt wird.

Das ist leicht zu verstehen. An der Erdoberfläche zum Beispiel muss das Licht (wie alle anderen Objekte) am Ende einer Sekunde mit einer Geschwindigkeit von 981 Zentimetern fallen. Nun hat ein Lichtstrahl am Ende einer Sekunde 300.000 Kilometer zurückgelegt. Angenommen, wir könnten einen horizontalen Lichtstrahl von 300 Kilometern Länge in der Nähe der Erdoberfläche beobachten - eine sehr weit hergeholte Annahme -, so würde er in dem Tausendstel einer Sekunde, das der Strahl braucht, um von einem Beobachter zum anderen zu gelangen, nur etwa den fünftausendsten Teil eines Millimeters zurücklegen.

Wir können verstehen, dass ein Lichtstrahl, der im Laufe von dreihundert Kilometern nur in diesem unmerklichen Ausmaß von seiner ursprünglichen Richtung abweicht, immer als geradlinig angesehen wurde.

Gibt es kein Mittel, um zu überprüfen, ob das Licht durch die Gravitation aus seiner Bahn gebogen wird oder nicht? Es gibt ein solches Mittel in der Astronomie, wie wir jetzt sehen werden.

Es ist unmöglich, die Krümmung eines Lichtstrahls zu erkennen, der sich auf der Erdoberfläche von einem Punkt zum anderen bewegt, vor allem weil das Gewicht der Erde zu gering ist, um den Strahl stark zu krümmen. Ein weiterer Grund ist, dass unser Planet so lächerlich klein ist, dass wir das Licht nicht über eine ausreichende Entfernung verfolgen können.

Aber was auf unserem kleinen Kügelchen, dessen gesamten Durchmesser das Licht in einer fünfundzwanzigstel Sekunde zurücklegen kann, nicht möglich ist, lässt sich vielleicht im gigantischen Laboratorium des Himmelsraums bewerkstelligen. Wir haben, fast in unserer Reichweite - nur 93.000.000 Meilen entfernt, - einen Stern, dessen Gewicht siebenundzwanzigmal größer ist als das der Erde. Wir meinen die Sonne. Auf der Sonne fällt ein sich selbst überlassener

Körper in der ersten Sekunde 132 Meter. Sein Fall ist siebenundzwanzigmal so schnell wie auf der Erde.

Daher wird das Licht in der Nähe der Sonne durch die Gravitation viel stärker von seiner Bahn abgelenkt. Die Ablenkung wird umso größer sein, als die Sonne einen Durchmesser von 800.000 Meilen hat und ein Lichtstrahl viel länger braucht, um diese Strecke zurückzulegen, als um die Länge des Erddurchmessers zurückzulegen. Daher wirkt die Gravitation auf den Lichtstrahl während einer viel längeren Zeit als auf einen Strahl, der die Erde erreicht, und er wird umso stärker gekrümmt sein.

Nehmen wir einen Lichtstrahl, der von einem Stern in großer Entfernung hinter der Sonne kommt. Wenn er uns erreicht, nachdem er nahe an der Sonne vorbeigezogen ist, verhält er sich wie ein Projektil. Seine Bahn wird nicht mehr geradlinig sein. Sie wird in Richtung Sonne leicht gekrümmt sein. Mit anderen Worten, der Strahl weicht von einer geraden Linie ab, und die Richtung, die er hat, wenn unsere Augen ihn auf der Erde empfangen, unterscheidet sich ein wenig von der Richtung, die er hatte, als er den Stern verließ. Er ist abgelenkt worden.

Die Berechnung zeigt, dass diese Abweichung, obwohl sie sehr gering ist, gemessen werden kann. Sie entspricht einem Winkel von einer Sekunde und drei Vierteln: ein Winkel, den die feinen Methoden unserer Astronomen zu messen vermögen.

Sicherlich ist ein solcher Winkel alles andere als beträchtlich, denn es braucht 324.000 Winkel von einer Sekunde, um einen rechten Winkel zu bilden. Mit anderen Worten: Ein Winkel von einer Sekunde ist derjenige, in dem wir die beiden Enden eines einen Meter langen, im Boden verankerten Stabes in einer Entfernung von 206 Kilometern sehen müssten. Wenn unsere Augen scharf genug wären, um einen normalgroßen Mann zu sehen, der 200 Kilometer von uns entfernt steht, würde unser Blick, wenn er von seinem Kopf zu seinen Füßen wandert, einen sehr kleinen Abweichungswinkel haben. Nun, dieser Winkel entspricht genau der Abweichung, die das Licht erfährt, das von einem Stern zu uns kommt, wenn es nahe an der goldenen Sonnenkugel vorbeigegangen ist.

So winzig dieser Winkel auch ist, die Methoden des Astronomen sind so fein und präzise, dass er ihn bestimmen kann. Die winzige Messung ist keineswegs zu verachten. Die Verachtung der Männer, die sich mit solch raffinierten Feinheiten beschäftigen, ist völlig fehl am Platz, denn unsere moderne Wissenschaft wurde durch diese Messung revolutioniert. Einstein hat recht und Newton unrecht, denn wir konnten diesen winzigen Winkel messen und die Krümmung des Lichts nachweisen.

Eine große Schwierigkeit ergab sich, als wir dies überprüfen wollten. Wie kann man bei vollem Tageslicht einen Lichtstrahl beobachten, der von einem Stern zu uns kommt und nahe an der Sonne vorbeizieht? Das ist nicht möglich. Selbst mit den stärksten Brillengläsern gehen die Sterne auf der anderen Seite der Sonne in ihrem Glanz - oder besser gesagt, in dem Licht, das von unserer Atmosphäre gestreut wird - völlig unter.

Um die Wahrheit zu sagen - wenn wir uns an dieser Stelle eine beiläufige Bemerkung erlauben dürfen - hat uns die Nacht viel mehr als der Tag über die Geheimnisse des Universums gelehrt. In der literarischen Symbolik und in der Politik ist das Licht des Tages das Symbol des Fortschritts und des Wissens, die Nacht ist das Symbol der Unwissenheit. Welcher Wahnsinn! Es ist eine Lästerung der Nacht, deren Sanftheit wir eher verehren sollten. Ich spreche nicht von ihrem romantischen Charme, sondern von den gewaltigen Fortschritten im Wissen, die sie uns ermöglicht hat.

Mitternacht ist nicht nur die Stunde des Verbrechens. Es ist auch die Stunde der ungeheuren Flucht in ferne Welten. Am Tag sehen wir nur eine Sonne, in der Nacht sehen wir Millionen von Sonnen. Der blendende Schleier, den das Sonnenlicht über den Himmel zieht, mag aus den brillantesten Strahlen gewebt sein, aber er ist nichtsdestoweniger ein Schleier, denn er macht uns so blind wie die

Motten, die bei starkem Licht nicht weiter sehen können als bis zu den Spitzen ihrer Flügel.

Um unser Problem zu lösen, müssen wir also in völliger Dunkelheit Sterne beobachten, die sich dennoch in der Nähe des Randes der Sonnenscheibe befinden. Ist das unmöglich? Nein. Die Natur hat unser Bedürfnis befriedigt, indem sie für totale Sonnenfinsternisse gesorgt hat, die zu bestimmten Zeiten von verschiedenen Stationen auf der Erde aus beobachtet werden können. Zu diesen Zeiten ist die helle Scheibe für einige Minuten hinter der Scheibe des Mondes verborgen. Die Mittagszeit wird zu Mitternacht. Wir sehen, wie die Sterne in der Nähe des verdeckten Gesichts der Sonne aufleuchten.

Glücklicherweise kam es am 29. Mai 1919 zu einer totalen Sonnenfinsternis, die in Afrika und Südamerika zu sehen war, kurz nachdem Einstein aufgrund eines Arguments wie dem soeben dargelegten die Ablenkung des Lichts der Sterne beim Vorbeiflug an der Sonne verkündet hatte.

Zwei Expeditionen wurden von den Astronomen von Greenwich und Oxford organisiert. Die eine ging nach Sobral in Brasilien, die andere auf die kleine portugiesische Insel Principe im Golf von Guinea. Einige der englischen Astronomen standen der Sache eher skeptisch gegenüber. Wie konnten wir zugeben, dass Newton sich geirrt oder zumindest kein perfektes Gesetz formuliert hatte, solange es nicht bewiesen war? Aber *die* Beobachtungen bewiesen dies, und zwar ganz entscheidend.

Diese Beobachtungen bestanden darin, während der wenigen Minuten der totalen Verfinsterung eine bestimmte Anzahl von Fotos der Sterne in Sonnennähe zu machen. Sie waren einige Wochen zuvor mit denselben Instrumenten fotografiert worden, und zwar zu einem Zeitpunkt, als die Himmelsregion, in der sie leuchten, in der Nacht und weit entfernt von der Sonne sichtbar war. Wie jeder weiß, durchläuft die Sonne auf ihrem jährlichen Weg nacheinander die verschiedenen Sternbilder des Tierkreises.

Wenn das Licht der fotografierten Sterne beim Passieren der Sonne nicht abgelenkt würde, müssten ihre Abstände auf den während der Sonnenfinsternis belichteten Platten die gleichen sein wie auf den Negativen, die einige Zeit zuvor in der Nacht aufgenommen wurden. Wenn aber das Licht von ihnen während der Sonnenfinsternis durch den Gravitationseinfluss der Sonne aus seiner Bahn gebogen würde, wäre es ganz anders. Der Grund dafür ist der folgende. Wenn der Mond auf einer unserer Ebenen aufgeht, ist er nicht rund, wie jeder bemerkt haben wird, sondern oben und unten abgeflacht, etwa wie eine riesige Mandarine, die für ein magisches Abendessen über den Horizont gehoben wird. Der Mond hat natürlich nicht aufgehört, rund zu sein. Er scheint nur deshalb abgeflacht zu sein, weil die Strahlen, die von seinem unteren Rand kommen und eine dicke Schicht der Atmosphäre durchqueren müssen, bevor sie uns erreichen, durch die Brechung der dichteren Atmosphäre viel stärker zur Erde hin gebogen werden als die Strahlen, die vom oberen Rand des Mondes kommen und eine weniger dichte Luftmasse durchqueren. Unsere Augen sehen den Rand des Mondes in der Richtung, aus der seine Strahlen zu uns kommen, und nicht in der Richtung, aus der sie kommen. Deshalb erscheint uns der untere Rand des Mondes höher über dem Horizont zu stehen, als er tatsächlich ist. Diese Abweichung ist auf die Brechung zurückzuführen.

Genauso erscheint uns ein Stern, der sich etwas östlich von der Sonne befindet (die Strahlen werden in diesem Fall durch das Gewicht und nicht durch die Brechung gekrümmt), weiter von ihr entfernt. Es sieht so aus, als ob er weiter östlich wäre, als er tatsächlich ist. In ähnlicher Weise erscheint uns ein Stern, der sich westlich der Sonne befindet, noch weiter vom westlichen Rand der Sonne entfernt.

Wenn Einstein Recht hat, werden die Sterne auf den Negativen, die während der Finsternis aufgenommen werden, auf beiden Seiten der Sonne weiter voneinander entfernt sein. In ihrer normalen Position, auf den während der Nacht aufgenommenen Fotos, erscheinen sie näher beieinander.

Genau dies wurde festgestellt, als die in Sobral und Principe aufgenommenen Fotos mit Hilfe des Mikrometers untersucht wurden. Damit wurde nicht nur bewiesen, dass das Licht der Sterne von der Sonne abgelenkt wird, sondern es wurde auch festgestellt, dass die Abweichung genau das Ausmaß hat, das von Einstein vorhergesagt worden war. Sie beträgt eine Sekunde und drei Viertel (1″-75) im Falle eines Sterns, der der Sonnenscheibe recht nahe ist, und der Winkel nimmt mit der Entfernung der Sterne von der Sonne rasch ab. Dies war ein großer Triumph für die Theorie von Einstein, und zum ersten Mal gab es eine Verbindung zwischen Licht und Gravitation.

Auf der vorangegangenen Seite habe ich die Krümmung des Lichts aufgrund seines Gewichts mit der Abweichung verglichen, die durch die atmosphärische Brechung verursacht wird. In der Tat gab es Astronomen, die sich fragten, ob die Übereinstimmung zwischen Einsteins Theorie und den während der Sonnenfinsternis erzielten Ergebnissen nicht nur ein Zufall sei: ob die festgestellte Abweichung nicht auf die Brechung durch die Sonnenatmosphäre zurückzuführen sei.

Es scheint unmöglich, dies zuzugeben. Manchmal sehen wir Kometen, die auf ihrer Reise durch den Weltraum recht nahe an der Sonnenoberfläche vorbeiziehen. Ihre Bewegung würde erheblich gestört, wenn die Sonnenatmosphäre so lichtbrechend wäre, dass sie die in Sobral und Principe beobachteten Abweichungen erklären könnte. Derartige Störungen der Kometenbahnen in der Nähe der Sonne sind noch nie aufgezeichnet worden. Die einzig mögliche Interpretation ist daher, dass die Phänomene auf die Wirkung des Gewichts auf das Licht zurückzuführen sind.

So hat uns das Licht der Sterne, gewogen in einer Waage von erlesener Feinheit, eine entscheidende Bestätigung der theoretischen

Schlussfolgerungen Einsteins gegeben. An seinen Früchten erkennt man den Baum.

KAPITEL VI

DIE NEUE KONZEPTION DER GRAVITATION

Geometrie und Wirklichkeit - Euklids Geometrie und andere - Gültigkeit des Poincaré-Kriteriums - Das reale Universum ist nicht euklidisch, sondern riemannisch - Die Avatare der Zahl π - Der Standpunkt des Betrunkenen - Gerade und geodätische Linien - Das neue Gesetz der universellen Anziehung - Erklärung der Anomalie des Planeten Merkur - Einsteins Gravitationstheorie.

Hält sich das Universum an die Gesetze der Geometrie? Diese Frage wurde von Philosophen und Gelehrten viel diskutiert, aber die Ablenkung des Lichts aufgrund seines Gewichts ermöglicht es uns nun, sie mit Zuversicht anzugehen.

In unseren Schulen wird uns eine großartige Reihe von geometrischen Theoremen beigebracht, die alle fest miteinander verbunden sind und deren wichtigste von dem großen griechischen Genie Euklid aufgestellt wurden. Aus diesem Grund wird die klassische Geometrie auch als euklidische Geometrie bezeichnet. Ihre Theoreme beruhen auf einer Reihe von Axiomen und Postulaten, bei denen es sich jedoch eigentlich nur um Feststellungen oder Definitionen handelt.

Die wichtigste dieser Definitionen lautet: "Eine gerade Linie ist die kürzeste Strecke zwischen zwei Punkten." Das erscheint den Schülern ganz einfach, denn sie wissen, dass der Jugendliche, der sich auf der Rennbahn mit einem Zickzacklauf vergnügt, das Band als Letzter erreicht; und auf dem Sportplatz hat man keine Lust oder Zeit, sich über die Gültigkeit der Axiome der Geometrie Gedanken zu machen. Was genau bedeutet diese Definition einer geraden Linie? Darüber hat es viele Diskussionen gegeben. Henri Poincaré hat eine Reihe schöner und tiefgründiger Seiten darüber geschrieben, doch seine Schlussfolgerungen sind nicht ganz frei von Unsicherheiten.

In der Praxis wissen wir alle, was wir mit einer geraden Linie meinen: Es ist die Linie, die wir mit einem guten Lineal ziehen. Aber woher weiß man, dass ein Lineal gut und richtig ist? Indem man es vor das Auge hält und sieht, dass seine beiden Enden und alle Zwischenpunkte an seinem Rand ineinander übergehen, wenn man daran entlang schaut. So erkennt ein Schreiner, ob ein Brett glatt gehobelt ist. Mit einem Wort, in der Praxis verstehen wir unter einer geraden Linie die Linie, die das Auge des Schützen beim Blick entlang seiner Visierung wahrnimmt.

All dies läuft darauf hinaus, dass eine gerade Linie die Richtung ist, in der sich ein Lichtstrahl ausbreitet. Wie auch immer wir die Sache betrachten, wir kommen immer wieder auf denselben Punkt zurück - zu sagen, dass der Rand eines Objekts gerade ist, bedeutet, dass die Begrenzungslinie in ihrer gesamten Länge mit einem Lichtstrahl zusammenfällt. [10] Man kann also sagen, dass der Weg, den das Licht in einem homogenen Medium zurücklegt, praktisch eine gerade Linie ist.

Und das wirft eine Frage auf. Entspricht die Welt, in der wir leben, das Universum, der Geometrie von Euklid? Ist sie euklidisch?

Es muss klar sein, dass die Geometrie von Euklid nicht die einzige ist, die geschaffen wurde. Jahrhundert gab es kühne und tiefgründige Mathematiker - Riemann, Bolyay, Lobatchewski und sogar Poincaré - die neue, andere und ziemlich seltsame Geometrien begründeten. Sie sind genauso logisch und kohärent wie die klassische Geometrie von Euklid, aber sie beruhen auf anderen Axiomen und Postulaten - mit einem Wort: auf anderen Definitionen.

Man sagt zum Beispiel, dass "Parallelen" zwei Geraden sind, die in derselben Ebene liegen und sich niemals treffen können. Die Geometrie, die wir in unserer Kindheit gelernt haben, besagt: "Durch einen gegebenen Punkt kann es nur eine Gerade geben, die parallel zu einer gegebenen Geraden verläuft." Dies ist das Postulat von Euklid. Riemann lässt dies jedoch nicht gelten und möchte es durch Folgendes ersetzen: "Durch einen gegebenen Punkt kann es keine Gerade geben, die parallel zu einer gegebenen Geraden ist", d.h. keine Gerade, die sie nie trifft. Darauf gründet Riemann ein recht konsistentes System der Geometrie.

Wer wird es wagen zu behaupten, dass die Geometrie von Euklid wahr und die von Riemann falsch ist? Als theoretische Idealkonstruktionen sind sie beide gleichermaßen wahr.

Eine Frage, die wir uns berechtigterweise stellen können, lautet: Entspricht das reale Universum der klassischen Geometrie von Euklid oder derjenigen von Riemann?

Lange Zeit glaubte man, dass es der Geometrie von Euklid entsprach. Poincaré selbst, spricht von Euklids System, sagte:

"Sie ist und bleibt die bequemste, (1) weil sie die einfachste ist; (2) weil sie sehr gut mit den Eigenschaften der natürlichen Körper übereinstimmt, der Körper, mit denen unsere Glieder und unsere Augen zu tun haben und aus denen wir unsere Messinstrumente machen."

Als die Menschen in früheren Zeiten sagten, die Erde sei flach, argumentierten sie in etwa so wie Poincaré: "Diese Theorie ist die bequemste, (1) weil sie die einfachste ist; (2) weil sie sehr gut mit den Eigenschaften der natürlichen Objekte übereinstimmt, mit denen wir in Kontakt sind ." Aber als die Menschen mit weiter entfernten Objekten in Berührung kamen, als Seefahrer und Astronomen diese entfernten Objekte vervielfachten, hörte die Idee einer flachen Erde auf, die bequemste, einfachste und am besten an die Tatsachen der Erfahrung angepasste zu sein. Dann tauchte die Idee auf, dass die Erde rund ist, und diese wurde als unendlich bequemer, einfacher und besser an das materielle Universum angepasst empfunden.

Die "Bequemlichkeit", die Poincaré zum Kriterium der wissenschaftlichen Wahrheit macht, ist eine kontingente und elastische Sache. Ein Standpunkt kann in London günstig sein und in Bedford nicht. Eine Theorie kann für ein Gebiet von hundert Yards geeignet sein und für ein Gebiet von hundert Millionen Meilen nicht mehr.

Die Hypothese einer flachen Erde wurde durch die Theorie der Erdrotation ersetzt. Die stationäre Erde wurde durch eine sich drehende Weltkugel ersetzt. Genauso scheint es, dass in unserer Zeit die Geometrie von Euklid einer anderen Darstellung der realen Welt weichen muss.

Kann es in unserem Universum, unserem Raum, eine Parallele zu einer geraden Linie geben? Das heißt, ist es wahr, dass sich zwei Geraden, die sich in der gleichen Ebene befinden, niemals treffen können? Die eigentliche Bedeutung der Frage lautet: Ist es unmöglich, dass sich zwei Lichtstrahlen, die sich im leeren Raum bewegen und sich in dem befinden, was wir (für jeden Teil der Strahlen) die gleiche Ebene nennen, jemals treffen? *Die Antwort auf diese Frage ist negativ.*

Da diese beiden Lichtstrahlen durch die Gravitation der Sterne aus ihren Bahnen im Raum gebogen werden, und da sie auf diese Weise unterschiedlich beeinflusst werden, weil sie sich in verschiedenen Entfernungen von den Sternen befinden, folgt daraus notwendigerweise, dass sie aufhören, parallel (im euklidischen Sinne des Wortes) zu sein und sich schließlich treffen; oder zumindest, dass sie aufhören, die erste Bedingung der Parallelität - die Koexistenz - in derselben lokalen Ebene zu verwirklichen.

Mit einem Wort, wenn wir die Materie nicht in dem lächerlich begrenzten Experimentierfeld des Labors betrachten, sondern in dem weiten Feld des Himmelsraums, ist das reale Universum nicht euklidisch, denn in ihm bewegt sich das Licht nicht auf einer geraden Linie.

Kant betrachtete die Wahrheiten - um genau zu sein, die deduktiven Behauptungen der euklidischen Geometrie - als "synthetische Urteile *a priori*" oder selbstverständliche Sätze. Wie wir gesehen haben, irrte sich Kant nicht nur in Bezug auf die theoretische Geometrie, sondern auch in Bezug auf die reale Geometrie. Schon die Etymologie des Wortes "Geometrie" (das "Vermessung der Erde" bedeutet) zeigt, dass sie ursprünglich und vor allem eine praktische Wissenschaft war. Das ist eine ausreichende Rechtfertigung für die Frage, welche Geometrie am meisten mit dem realen Universum übereinstimmt.

Gauß, ein tiefsinniger Denker, stellte diese Frage schon vor langer Zeit, im letzten Jahrhundert, und er machte einige delikate Experimente, um zu messen, ob die Summe der Winkel eines Dreiecks wirklich gleich zwei rechten Winkeln ist, wie die euklidische Geometrie sagt. Zu diesem Zweck nahm er ein großes Dreieck, dessen Scheitelpunkte von den höchsten Gipfeln dreier weit auseinander liegender Berge gebildet wurden. Einer von ihnen war der berühmte Brocken. Mit seinen Assistenten betrachtete er gleichzeitig jeden Gipfel im Verhältnis zu den beiden anderen, und er stellte fest, dass die Summe der drei Winkel des Dreiecks nur in einem Maße von 180 Grad abwich, das auf einen Beobachtungsfehler zurückgeführt werden konnte.

Es gab viele Philosophen, die sich über Gauß und seine Experimente lustig machten. Mit dem *a priori* Dogmatismus, den man so oft bei antrifft, sagten sie, dass seine Messungen, selbst wenn sie ein anderes Ergebnis gehabt hätten, nichts bewiesen hätten, was den Sätzen von Euklid schaden würde, sondern lediglich gezeigt hätten, dass irgendeine störende Ursache die Lichtstrahlen zwischen den drei Spitzen des Dreiecks gebogen hätte. Das ist wahr, aber es spielt keine Rolle.

Hätte Gauß festgestellt, dass die Winkelsumme des fraglichen Dreiecks größer ist als zwei rechte Winkel, hätte er bewiesen, dass die reale Geometrie nicht die Geometrie von Euklid ist. Die Frage, die Gauß stellte, war tiefgründig und vernünftig. Die Philosophen, die sich darüber lustig gemacht haben, hätten herausgefordert werden können, die wirklichen Geraden, die natürlichen Geraden, mit anderen Begriffen als denen des Lichtdurchgangs zu definieren.

Gauß hat die Summe der Winkel, die sich von zwei rechten Winkeln unterscheiden, nicht gefunden, weil seine Messungen nicht genau genug waren. Wären sie viel genauer gewesen, oder hätte er ein viel größeres Dreieck verwenden können - mit der Erde, dem Jupiter in Opposition und einem anderen Planeten als Scheitelpunkt - hätte er einen beträchtlichen Unterschied gefunden.

Das reale Universum ist nicht euklidisch. Es ist nur annähernd euklidisch in den Teilen des Raums, in denen sich das Licht geradlinig ausbreitet, d. h. in den Teilen, die weit von jeglicher Schwerkraftmasse entfernt sind, wie z. B. in dem Bereich, in dem wir auf einer früheren Seite das Projektil von Jules Verne zurückließen.

Es gibt noch viele andere Gründe, warum das Universum als Folge der Gravitation nicht den Gesetzen der Euklidschen Geometrie entspricht.

In der euklidischen Geometrie zum Beispiel hat der Umfang ein bekanntes Verhältnis zu seinem Durchmesser, und dies wird durch mit dem griechischen Buchstaben π angegeben. Dieses Verhältnis, das ausdrückt, wie oft der Durchmesser im Umfang enthalten ist, ist gleich 3-14159265 ... usw., aber ich übergehe den Rest, da π eine unendliche Anzahl von Dezimalstellen hat. Wir fragen dann: Ist das Verhältnis von Umfang zu Durchmesser in der Praxis wirklich gleich dem klassischen Wert von π? Ist dies zum Beispiel genau das Verhältnis des Erdumfangs zu seinem Durchmesser? [111] Einstein sagt, dass dies nicht der Fall ist, und er liefert uns den folgenden Beweis. Stellen Sie sich zwei sehr kluge, schnelle und zauberhafte Geometer vor, die sich aufmachen, den Umfang und den Durchmesser der Erde am Äquator zu messen. Sie benutzen beide die gleichen Maßstäbe. Sie beginnen zur gleichen Zeit mit der Messung und gehen vom gleichen Punkt am Äquator aus. Aber der eine geht westwärts, der andere ostwärts, und ihre Geschwindigkeiten sind gleich, und zwar so, dass derjenige, der westwärts geht, mit der Erdrotation Schritt hält und so die Sonne den ganzen Tag über stationär in der gleichen Höhe über dem Horizont sieht. In Musiksälen sieht man zum Beispiel manchmal einen Akrobaten, der auf einer rollenden Kugel läuft und sich an der Spitze der Kugel hält, weil die Geschwindigkeit seiner Schritte genau gleich und entgegengesetzt zur Verschiebung der Kugeloberfläche ist.

Ein stationärer Beobachter im Weltraum - sagen wir, auf der Sonne - würde also unseren Vermesser, der sich nach Westen bewegt, direkt ihm gegenüber stationär sehen. Der Vermesser hingegen, der sich nach Osten bewegt, scheint die Erde zu umrunden, und zwar doppelt so schnell, wie wenn er am Ausgangspunkt geblieben wäre.

Wenn jeder unserer Vermessungsingenieure, die beide mit der gleichen Geschwindigkeit unterwegs sind, seine Aufgabe, die Erdumdrehung zu messen, beendet hat, werden sie dann beide das gleiche Ergebnis haben? Offensichtlich nicht. Wie der Superbeobachter in der Sonne sehen wird, , wird der Meter des Vermessers, der nach Osten reist, aufgrund der Fitzgerald-Lorentz-Kontraktion durch die Geschwindigkeit verkürzt. Andererseits erfährt der Meter des Vermessers, der sich nach Westen bewegt, diese Kontraktion nicht, wie der Superbeobachter auf der Sonne, in Bezug auf den er stationär bleibt, sehen würde.

Folglich kommen die beiden Vermesser zu unterschiedlichen Werten für den Erdumfang, wobei derjenige, der nach Westen reist, ein um einige Meter geringeres Ergebnis als der andere findet. Es ist jedoch offensichtlich, dass die beiden Beobachter bei der Messung des Erddurchmessers mit der gleichen Geschwindigkeit zu demselben Ergebnis kommen werden.

Das π, das das Verhältnis des Erdumfangs zu seinem Durchmesser auf dem Boden der tatsächlichen Messung ausdrückt, ist also unterschiedlich, je nachdem, ob sich der Messende in Richtung der Erdrotation oder in die entgegengesetzte Richtung bewegt. Da die realen Werte von π unterschiedlich sind, können sie nicht die einzige und ganz eindeutige Zahl der klassischen Geometrie sein. Daher entspricht das reale Universum nicht dieser Geometrie.

Diese Unterschiede sind in dem von uns gezeigten Beispiel auf die Erdrotation zurückzuführen. Unter dem Gesichtspunkt der Gravitation hat die Erdrotation zentrifugale Effekte, die den zentripetalen Einfluss des Gewichts verändern. Wir haben außerdem gesehen, dass für den Vermesser, dessen Geschwindigkeit der Erdrotation entspricht, der Wert von π kleiner ist als für den Beobachter, dessen Geschwindigkeit doppelt so hoch zu sein scheint wie die der Erdrotation. Da die Wirkung des Gewichts die umgekehrte ist wie die der Rotation oder der Zentrifugalkraft, folgt daraus, dass die Wirkung des Gewichts darin besteht, dass π etwas kleiner ist als sein klassischer Wert (es wäre genauso einfach, dies zu beweisen wie das Vorhergehende).

Mit einem Wort, im Universum sind die realen Umfänge, die von gravitierenden Massen, wie z. B. Sternen, gezogen werden, im Verhältnis zu ihren Durchmessern geringer als in der euklidischen Geometrie.

Der Unterschied ist im Allgemeinen sehr gering, das ist wahr. Aber es *gibt einen* Unterschied. Wenn wir eine Masse von tausend Kilogramm in den Mittelpunkt eines Kreises mit einem Durchmesser von zehn Metern stellen, weicht die Zahl π in der Realität um weniger als ein Tausendmillionstel von ihrem euklidischen Wert ab.

In der Nähe von so gewaltigen Materiemassen wie den Sternen kann der Unterschied noch viel größer sein, wie wir sehen werden. Dies ist der Grund für die Divergenzen zwischen dem Newtonschen Gravitationsgesetz und dem von Einstein: Divergenzen, die durch die Beobachtung zugunsten des letzteren behoben wurden. Aber wir wollen nicht vorgreifen.

In einem früheren Kapitel haben wir gezeigt, dass das reale Universum der Relativisten ein vierdimensionales Kontinuum ist - nicht dreidimensional, wie die klassische Wissenschaft dachte - und dass in diesem Kontinuum Entfernungen in Zeit und Raum relativ sind. Das Einzige, was einen von den Beobachtungsbedingungen unabhängigen Wert hat - einen absoluten oder zumindest objektiven Wert - ist das, was wir das "Intervall" der Ereignisse nannten, die Synthese der räumlichen und zeitlichen Daten.

Doch trotz seiner vier Dimensionen war das Universum, wie wir es im Zusammenhang mit dem Michelson-Experiment und der daraus resultierenden Speziellen Relativitätstheorie erörtert haben, ein euklidisches Kontinuum, in dem die klassische Geometrie verifiziert wurde und das Licht sich in einer geraden Linie bewegte. Wie wir gerade gesehen haben, müssen wir dies widerrufen. Das Universum hat nicht nur vier Dimensionen, sondern es ist auch nicht euklidisch.

Mit welcher Geometrie stimmt das Universum am besten überein - oder am bequemsten, um die Sprache von Poincaré zu verwenden? Wahrscheinlich mit der von Riemann. Wenn wir den Zirkel nehmen und einen kleinen Kreis auf ein auf dem Tisch ausgebreitetes Blatt Papier zeichnen, ergibt sich der Radius des Kreises aus dem Abstand zwischen den Zirkelpunkten, und der Kreis ist euklidisch. Zeichnet man aber den Kreis auf ein Ei, wobei der feste Punkt des Zirkels in die Spitze des Eies gesteckt wird, und ermittelt den Radius wiederum durch den Abstand zwischen den Punkten, so ist der Kreis, den man nun gezeichnet hat, nicht euklidisch. Das so definierte Verhältnis von Umfang und Radius ist kleiner als π, genauso wie es kleiner als π ist, wenn der Kreis um einen massiven Stern gezogen wird.

Nun, zwischen dem nicht-euklidischen realen Universum und einem euklidischen Kontinuum besteht der gleiche Unterschied wie zwischen unserem flachen Blatt Papier und der Oberfläche eines Eies, wenn man berücksichtigt, dass diese Oberflächen nur zwei Dimensionen haben, während das Universum vier hat.

Der zweidimensionale Raum kann flach sein wie das Blatt Papier oder gekrümmt wie die Oberfläche des Eies. Indem wir das Blatt Papier flach lassen oder es aufrollen, können wir die Geometrie der darauf gezeichneten Figuren mit der euklidischen Geometrie in Einklang bringen oder von ihr abweichen. Genauso kann ein Raum mit mehr als zwei Dimensionen euklidisch sein oder nicht.

In der Tat ist das Universum, wie wir gesehen haben, nur annähernd euklidisch in den Regionen, die von allen schweren Massen entfernt sind. Es ist nicht euklidisch, sondern in der Nähe der Sterne gekrümmt oder verzerrt; und die Krümmung ist umso größer, je mehr wir uns den Sternen nähern.

Daher scheint die von Riemann begründete Geometrie des gekrümmten Raums am besten an das reale Universum angepasst zu sein. Sie ist diejenige, die Einstein bei seinen Berechnungen verwendet hat.

Als wir auf einer früheren Seite zu beweisen versuchten, dass Lichtstrahlen genauso fallen wie Geschosse mit der gleichen Geschwindigkeit, haben wir das folgende Argument verwendet:

Da das "Intervall" zweier Ereignisse für zwei Beobachter, die sich mit gleichmäßiger und unterschiedlicher Geschwindigkeit bewegen, gleich ist, liegt es *nahe*, dass es auch für einen dritten Beobachter gleich ist, dessen Geschwindigkeit von der des ersten auf die des zweiten Beobachters ansteigt, d. h. dessen Geschwindigkeit gleichmäßig beschleunigt ist.

Es gibt in der Tat keinen Grund, warum die Passagiere eines Zuges, der mit einer gleichmäßigen Geschwindigkeit von sechzig Meilen pro Stunde fährt, ein "invariantes" Element in den Phänomenen ebenso beobachten sollten wie die Passagiere eines anderen Zuges, der mit der halben Geschwindigkeit fährt, während diese "Invariante" für die Passagiere eines dritten Zuges, der allmählich von der Geschwindigkeit des ersten Zuges auf die des zweiten übergeht, aufhören sollte, eine solche zu sein. Das Gegenteil zuzugeben, hieße, den ersten beiden und anderen eine privilegierte Stellung im Universum einzuräumen. Wenn es irgendeinen Bereich in der Welt gibt, dessen ungerechtfertigte Privilegien durch die neue Physik abgeschafft wurden, dann ist es das Studium der materiellen Welt.

Dieses Privileg, dass sich die Beobachter mit gleichförmiger Geschwindigkeit bewegen, wäre umso weniger gerechtfertigt, als es, wenn man der Sache auf den Grund geht, sehr schwierig ist, genau zu sagen, was eine gleichförmige Bewegung ist.

Was meinen wir, wenn wir sagen, dass ein Zug eine gleichmäßige Geschwindigkeit von sechzig Meilen pro Stunde hat? Wir meinen, dass der Zug diese Geschwindigkeit in Bezug auf die Schienen oder den Boden hat. Aber in Bezug auf einen Beobachter in einem Ballon oder der in einem anderen Zug vorbeifährt, hat die Geschwindigkeit nicht den gleichen Wert, und sie kann aufhören, eine gleichmäßige Geschwindigkeit zu sein. Wir kennen nur relative Bewegungen, oder, um ganz genau zu sein, Bewegungen relativ zu einem materiellen Objekt oder einem anderen. Je nach der Wahl dieses Objekts, dieses Vergleichsmaßstabs, kann dieselbe Geschwindigkeit gleichförmig oder beschleunigt sein. Es ist klar, dass wir auf lange Sicht auf Newtons Hypothese des absoluten Raums zurückgreifen müssen, um sagen zu können, ob eine bestimmte Geschwindigkeit wirklich gleichförmig oder beschleunigt ist.

Das ist der tiefe Grund, warum das Einsteinsche "Intervall" der Dinge, die unveränderliche Größe oder "Invariante", für alle Beobachter gleich sein muss, unabhängig von ihrer Geschwindigkeit, und insbesondere für Beobachter, die sich mit Geschwindigkeiten bewegen, die an einem bestimmten Ort den Auswirkungen der Gravitation entsprechen.

Aber in diesem Fall reichen die Schlussfolgerungen, die wir aus dem Michelson-Experiment in Bezug auf den Aspekt der Phänomene für Beobachter in gleichförmigen unterschiedlichen Translationsbewegungen ziehen, nicht mehr aus, um uns die gesamte Realität zu erklären. Sie müssen so vervollständigt werden, dass die universelle Invariante, das "Intervall" der Dinge, für einen Beobachter, der sich auf irgendeine Weise bewegt, gleich bleibt.

Wenn ich eine Straße mit einer unerhörten Geschwindigkeit, aber mit einer gleichmäßigen Bewegung durchquere, kann ihr allgemeines Aussehen aufgrund der durch meine Geschwindigkeit verursachten Kontraktion ein wenig anders sein, als es mir erscheinen würde, wenn ich stehen würde. [12] Die Häuser zum Beispiel werden im Verhältnis zu ihrer Höhe schmaler erscheinen. Dennoch werden der allgemeine Aspekt und die Proportionen der Objekte in beiden Fällen ähnlich sein und sie werden etwas gemeinsam haben. So werden mir die Gaslaternen dünner erscheinen, aber sie werden gerade sein.

Ganz anders verhält es sich, wenn die Bewegungen des Beobachters variiert werden: wenn wir ihn uns zum Beispiel als betrunkenen Riesen vorstellen, der mit ungeheurer Geschwindigkeit herumtaumelt. Für einen solchen Beobachter wird die Straße ein ganz neues Aussehen haben. Die Gasstrahlen verlaufen nicht mehr gerade, sondern im Zickzack, was die Zickzacklinien, die der Betrachter selbst beim Taumeln zieht, in umgekehrter Weise wiedergibt. Dies ist so wahr, dass Karikaturisten im Allgemeinen die Bäume, Laternenpfähle und Häuser, die ein Betrunkener sieht, durch lächerlich winkende Linien darstellen.

Unser Beobachter wird überzeugt sein, dass die Gegenstände wirklich die Zickzackformen haben, die er sieht, und dass sich die Formen bei jedem Schritt, den er macht, ändern. Versuchen Sie ihm zu sagen, dass er es ist, der tanzt, nicht die Objekte; dass er es ist, der nicht geradeaus geht, nicht der Hund, den er an der Leine hat. Er wird es nicht glauben - und vom Standpunkt der Allgemeinen Relativitätstheorie aus gesehen hat er weder mehr noch weniger Recht als Sie.

Aber es gibt etwas in der Welt, das dem Trinker und dem Wassertrinker gemeinsam sein muss.

Wenn das gesamte Universum plötzlich in eine Masse aus erstarrter Gelatine getaucht würde und man diese gelatinöse Masse in irgendeiner Weise zusammendrücken oder in ihrer Form verändern würde, bliebe etwas in dem geronnenen Zeug unverändert. Was ist dieses Etwas? Und mit welchem Kalkül kann man es beschreiben? Die Antwort auf diese Fragen war die letzte Etappe, die Einstein zurücklegen musste, um die Gleichungen der Gravitation und der Allgemeinen Relativitätstheorie aufzustellen.

Hier war es das durchdringende Genie von Henri Poincaré, das den Weg wies. Es ist sehr notwendig, darauf zu bestehen, da dem großen französischen Mathematiker in dieser Angelegenheit nicht die gebührende Aufmerksamkeit geschenkt wurde.

Wenn alle Körper im Universum gleichzeitig und in gleichem Maße gedehnt würden, könnten wir es nicht erkennen. Da unsere Instrumente und unsere eigenen Körper in gleicher Weise gedehnt sind, würden wir dieses gewaltige historische und kosmische Ereignis nicht wahrnehmen. Es würde uns nicht einen Moment lang von den Nebensächlichkeiten der Stunde ablenken.

Darüber hinaus ist es nicht nur unerkennbar, wenn die Welten so verändert werden, dass sich die Längen- und Zeitskala ändert, sondern es wäre auch unmöglich, zwischen zwei Welten zu unterscheiden, wenn ein einziger Punkt der ersten mit jedem Punkt der zweiten übereinstimmt; wenn jedem Objekt oder Ereignis der einen Welt ein gleichartiges in der anderen Welt entspricht, das sich genau an der gleichen Stelle befindet. Die aufeinanderfolgenden und unterschiedlichen Verformungen, die wir der gallertartigen Masse auferlegen, in die wir in einem früheren Absatz metaphorisch unser gesamtes Universum eingeschlossen haben, ergeben unter diesem Gesichtspunkt genau ununterscheidbare Welten. Poincaré kommt das Verdienst zu, uns als Erster darauf aufmerksam gemacht und bewiesen zu haben, dass die Relativität der Dinge in diesem sehr weiten Sinne verstanden werden muss.

Das amorphe und plastische Kontinuum, in das wir das Universum einbetten, hat eine gewisse Anzahl von Eigenschaften, die sich jeder Vorstellung von Messung entziehen. Die Untersuchung dieser Eigenschaften ist das Werk einer besonderen Geometrie, einer qualitativen Geometrie. Die Theoreme dieser Geometrie haben die Besonderheit, dass sie auch dann noch wahr wären, wenn die Figuren von einem ungeschickten Zeichner kopiert würden, der grobe Fehler in den Proportionen von machte und unregelmäßige und wellige Linien durch gerade Linien ersetzte.

Dies ist die Geometrie, die, wie Poincaré treffend dargelegt hat, für das vierdimensionale und je nach Region mehr oder weniger euklidische Kontinuum, das das Einsteinsche Universum darstellt, verwendet werden muss. Es ist genau diese Geometrie, die die Gemeinsamkeiten zwischen den Formen der Objekte, die der Betrunkene sieht, und denen, die der Wassertrinker sieht, erklärt.

Auf diesem oder einem ähnlichen Weg ist Einstein schließlich zum Erfolg gekommen. Da das Universum ein mehr oder weniger gekrümmtes Kontinuum ist, schlug er vor, die von Gauß für die Untersuchung von Oberflächen mit variabler Krümmung geschaffene Geometrie darauf anzuwenden: eine von Riemann verallgemeinerte Geometrie. Mit Hilfe dieser speziellen Geometrie lässt sich die Tatsache ausdrücken, dass das "Intervall" der Ereignisse eine Invariante ist.

Hier ist eine Illustration, die uns, wie ich glaube, zum Kern des Problems der Gravitation und zu seiner Lösung führen wird.

Betrachten wir eine Oberfläche mit variabler Krümmung - zum Beispiel die Oberfläche eines großen Bezirks mit seinen Hügeln, Bergen und Tälern. Wenn wir in dieser Region unterwegs sind, können wir uns in einer geraden Linie fortbewegen, solange wir uns in einer ebenen Ebene befinden. Eine gerade Linie auf einer ebenen Fläche hat die bemerkenswerte Eigenschaft, dass sie die kürzeste Entfernung zwischen zwei Punkten ist. Sie hat auch die Besonderheit, dass sie die einzige ihrer Art und ihrer Länge ist, während wir eine große Anzahl von Linien ziehen können, die nicht gerade sind und die zwei Punkte verbinden, die länger als die gerade Linie sind, aber alle gleich lang.

Aber wir haben das hügelige Gebiet erreicht. Jetzt ist es für uns unmöglich, einer geraden Linie von einem Punkt zum anderen zu folgen, wenn dazwischen ein Hügel liegt. Welchen Weg wir auch immer nehmen, er wird gekrümmt sein. Aber unter den verschiedenen möglichen Wegen, die von einem Punkt zum anderen auf der anderen Seite des Hügels führen, gibt es einen - und in der Regel nur einen -, der kürzer ist als alle anderen, wie wir mit Hilfe eines Bandes beweisen könnten. Dieser kürzeste Weg, der einzige seiner Art, ist das, was man die *Geodäsie* der Fläche nennt.

Genauso wenig kann ein Schiff auf einer geraden Linie fahren, wenn es von Lissabon nach New York unterwegs ist. Es muss einer gekrümmten Bahn folgen, denn die Erde ist rund. Aber unter den möglichen gekrümmten Bahnen gibt es eine bevorzugte, die kürzer ist als die anderen: diejenige, die der Richtung des Großkreises der Erde folgt. Auf der Fahrt von Lissabon nach New York, obwohl sie fast auf demselben Breitengrad liegen, achten die Schiffe darauf, nicht gerade nach Westen zu fahren, in Richtung der Parallelen. Sie segeln ein wenig nach Nordwesten, so dass sie, wenn sie New York erreichen, von Nordosten kommen und ziemlich genau einem irdischen Großkreis gefolgt sind. Auf unserem Globus, wie auf allen Sphären, ist der *geodätische*, der kürzeste Weg zwischen zwei Punkten, der Bogen eines Großkreises, der durch die beiden Punkte verläuft.

Das "Intervall" zweier Punkte im vierdimensionalen Universum stellt nun genau das Geodätische dar, den minimalen Weg des Fortschritts zwischen den beiden im Universum verfolgten Punkten. Wo das Universum gekrümmt ist, ist die Geodäte eine gekrümmte Linie. Wo das Universum annähernd euklidisch ist, ist es eine gerade Linie.

Man mag mir sagen, dass es sehr schwierig ist, sich einen dreidimensionalen und erst recht einen vierdimensionalen Raum als gekrümmt vorzustellen. Ich stimme zu. Wir haben bereits gesehen, dass es schwierig genug ist, sich einen vierdimensionalen Raum vorzustellen, selbst wenn er nicht gekrümmt ist.

Aber was beweist das? Es gibt noch viele andere Dinge in der Natur, die wir uns nicht vorstellen können oder von denen wir uns kein Bild machen können. Die Hertz'schen Wellen, die Röntgenstrahlen und die ultravioletten Wellen existieren genauso, obwohl wir sie uns nicht vorstellen können, oder zumindest nur, indem wir ihnen eine sichtbare Form geben, die nicht zu ihnen gehört. Es ist eben eine unserer menschlichen Schwächen, dass wir uns nicht vorstellen können, was wir uns nicht vorstellen können. Daher unsere Neigung, alles zu visualisieren - wenn man ein unelegantes, aber aussagekräftiges Wort verwenden darf.

Kehren wir also zu unserer Geodäsie zurück. Diese können wir uns sehr gut vorstellen, denn im Universum, trotz seiner vier Dimensionen, sind es Linien von nur einer Dimension, wie alle anderen Linien, die wir kennen.

––––––––––––––––

Die Existenz der Geodäsie, der Linien mit kürzesten Entfernungen, wird uns nun auf wunderbare Weise den Zusammenhang zwischen Trägheit und Gewicht erklären, der in der euklidischen Welt der klassischen Wissenschaft nicht vorkam. Daher auch die Newtonsche

Unterscheidung zwischen dem Trägheitsprinzip und der Gravitationskraft.

Wir Relativisten halten diese Unterscheidung nicht mehr für notwendig. Materielle Massen, wie das Licht, bewegen sich in einer geraden Linie, wenn sie weit von einem Gravitationsfeld entfernt sind, und in einer gekrümmten Linie, wenn sie sich in der Nähe von Gravitationsmassen befinden. Aufgrund der Symmetrie kann ein freier materieller Punkt nur einer Geodäte im Universum folgen.

Wenn wir nun bedenken, dass die von Newton eingeführte Gravitationskraft nicht existiert - eine solche Wirkung auf Distanz ist sehr problematisch - und dass es im leeren Raum nur frei sich selbst überlassene Objekte gibt, werden wir zu folgender Schlussfolgerung getrieben, die auf einfache Weise die bisher getrennten Schwestern, Trägheit und Gewicht, vereint: *Jeder bewegte, sich selbst überlassene Körper im Universum beschreibt eine Geodäte.*

Weit entfernt von den massereichen Sternen ist diese Geodäte eine gerade Linie, weil das Universum dort nahezu euklidisch ist. In der Nähe der Sterne ist sie eine gekrümmte Linie, weil das Universum dort nicht euklidisch ist. Eine schöne Vorstellung, die in einer einzigen Regel das Trägheitsprinzip und das Gravitationsgesetz vereint! Eine brillante Synthese von Mechanik und Gravitation, die dem Schisma ein Ende setzt, das sie so lange als getrennte und nicht korrespondierende Wissenschaften hielt!

In dieser kühnen und einfachen Theorie ist die Gravitation keine Kraft. Die Planeten haben gekrümmte Bahnen, weil sie sich in der Nähe der Sonne befinden, so wie das Universum in der Nähe jeder Materiekonzentration gekrümmt oder verzogen ist. Der kürzeste Weg von einem Punkt zum anderen ist eine Linie, die uns - den armen Pygmäen, die wir sind - nur deshalb gerade erscheint, weil wir sie mit sehr kleinen Stäben und über kleine Entfernungen messen. Wenn wir die Linie über Millionen von Kilometern und über einen ausreichenden

Zeitraum hinweg verfolgen könnten, müssten wir feststellen, dass sie gekrümmt ist.

Mit einem Wort: Die Planeten beschreiben gekrümmte Bahnen, weil sie in einem gekrümmten Universum dem kürzesten Weg folgen, so wie die Radfahrer auf dem Sportplatz in der Kurve nicht die Griffe zu drehen brauchen, sondern geradeaus fahren, weil die Neigung des Bodens sie von selbst zum Drehen zwingt. Auf dem Sportplatz, wie auch im Sonnensystem, ist die Krümmung umso größer, je näher die Maschine am inneren Rand der Bahn steht.

Alles, was jetzt noch übrig bleibt, ist, dem Universum, der Raumzeit, eine solche Krümmung an seinen verschiedenen Punkten zuzuweisen, dass die Geodäten die Bahnen der Planeten und der fallenden Körper genau darstellen, wobei sie zugeben, dass die Krümmung des Universums an jedem Punkt durch das Vorhandensein oder die Nähe von materiellen Massen verursacht wird.

Bei dieser Berechnung müssen wir berücksichtigen, dass das "Intervall" - also der Teil der Geodäte zwischen zwei Punkten, die sehr nahe beieinander liegen - unabhängig vom Beobachter eine Invariante sein muss. Auf diese Weise wird dieselbe Geodäte für den betrunkenen Mann, den wir vorgestellt haben, eine gekrümmte oder sogar gewellte Linie und für einen stationären Beobachter eine gerade Linie sein. Die Länge der Linie ist die gleiche, egal ob sie gerade oder gekrümmt erscheint.

Unter Berücksichtigung all dessen und mit Hilfe mathematischer Kunststücke, deren Gegenstand wir hinreichend dargelegt haben, ist es Einstein gelungen, das Gravitationsgesetz in einer völlig unveränderlichen Form auszudrücken.

Wenn man auf der Grundlage des Newtonschen Gesetzes das "Intervall" zweier astronomischer Ereignisse berechnet - zum Beispiel den aufeinanderfolgenden Einschlag zweier Meteoriten in die Sonne - muss man feststellen, dass das "Intervall" für Beobachter, die sich mit unterschiedlichen Geschwindigkeiten bewegen, nicht genau den gleichen Wert hat.

Mit der neuen Form, die dem Gesetz von Einstein gegeben wurde, verschwindet der Unterschied. Die beiden Gesetze unterscheiden sich jedoch nur wenig voneinander, was angesichts der Genauigkeit, mit der die Astronomen das Newtonsche Gesetz während einiger Jahrhunderte verifiziert fanden, zu erwarten war. Die von Einstein vorgenommene Verbesserung des Newton'schen Gesetzes bedeutet mit einem Wort (und um die alte Sprache des euklidischen Universums zu verwenden), dass wir das Gesetz für genau halten, mit der Einschränkung, dass die Entfernungen der Planeten von der Sonne mit einer Skala gemessen werden, deren Länge bei Annäherung an die Sonne leicht abnimmt.

Es ist erstaunlich, dass Newton und Einstein darin übereinstimmen, die Bewegungen der gravitierenden Sterne in *fast* identischer Form auszudrücken, denn ihre Ausgangspunkte sind sehr unterschiedlich.

Newton geht von der Hypothese des absoluten Raums aus, von den empirischen Gesetzen der Planetenbewegungen, die in den Keplerschen Gesetzen zum Ausdruck kommen, und von der Überzeugung, dass die Anziehungskraft der Schwerkraft eine der Masse proportionale Kraft ist. Einstein hingegen geht bei seinen Berechnungen von den erwähnten Invarianzbedingungen aus. Er geht gewissermaßen von dem philosophischen Prinzip oder Postulat oder Impuls aus, dass die Naturgesetze unveränderlich und unabhängig vom Standpunkt sind - relativ, wenn ich das Wort verwenden darf.

Einstein gibt sogar die Hypothese auf, die die Krümmung der Gravitationsbahnen auf eine bestimmte Anziehungskraft zurückführte. Ausgehend von einem Standpunkt, der sich so sehr von dem Newtons unterscheidet und der auf den ersten Blick weniger mit Hypothesen überfrachtet zu sein scheint, gelangt Einstein jedoch zu einem Gravitationsgesetz, das mit dem Newtons *nahezu* identisch ist.

Dieses "fast" ist von großem Interesse, denn es ermöglicht uns zu prüfen, welches Gesetz das richtige ist, das von Newton oder das von Einstein. Sie geben die gleichen Ergebnisse, wenn es um Geschwindigkeiten geht, die im Vergleich zu denen des Lichts gering sind, aber ihre Ergebnisse unterscheiden sich ein wenig, wenn es um sehr hohe Geschwindigkeiten geht. Wir haben bereits gesehen, dass das Licht selbst in der Nähe der Sonne in exakter Übereinstimmung mit dem Einstein'schen Gesetz aus seiner Bahn gebogen wird, und zwar in einer Weise, die das Newton'sche Gesetz als solches nicht vorausgesagt hat.

Aber es gibt noch eine weitere Abweichung zwischen den beiden Gesetzen. Nach dem Newton'schen Gesetz beschreiben die um die Sonne kreisenden Planeten Ellipsen , die - abgesehen von den kleinen Störungen durch die anderen Planeten - eine streng festgelegte Position haben.

Nehmen wir an, wir legen eine Zitronenscheibe auf einen Tisch, die durch den größeren Durchmesser der Frucht geschnitten ist, und stellen uns vor, dass die Hauptsterne, die nördlichen Sternbilder, auf das gewölbte Dach des großen halbkugelförmigen Raumes gemalt sind, in dessen Mitte wir unseren Tisch platzieren. Die Zitronenscheibe hat fast die Form einer Ellipse, und wenn wir einen der Kerne für die Sonne halten, steht er für die Umlaufbahn eines unserer Planeten. Das Newtonsche Gesetz besagt, dass die Planetenbahn - nach entsprechenden Korrekturen - eine feste Position relativ zu den Sternen einnimmt, solange der Planet sich dreht. Das bedeutet, dass die Zitronenscheibe unbeweglich bleibt.

Das Einsteinsche Gesetz besagt im Gegenteil, dass sich die Bahnellipse zwischen den Sternen sehr langsam dreht, während der Planet sie durchquert. Das bedeutet, dass sich unsere Zitronenscheibe auf dem Tisch leicht drehen muss, und zwar so, dass die beiden Enden der Zitrone nicht gegenüber denselben Sternen bleiben, die an die Wand gemalt sind.

Berechnet man mit Hilfe des Einsteinschen Gesetzes die Ausdehnung, die die elliptischen Bahnen der Planeten haben müssen, so ist sie so gering, dass sie nur bei einem Planeten, dem schnellsten von allen, dem Merkur, beobachtet werden kann.

Merkur umkreist die Sonne in etwa achtundachtzig Tagen vollständig, und das Einsteinsche Gesetz zeigt, dass sich seine Umlaufbahn dabei um einen kleinen Winkel drehen muss, der am Ende eines Jahrhunderts dreiundvierzig Bogensekunden (43″) beträgt. So klein diese Größe auch ist, die verfeinerten Methoden des modernen Astronomen können sie leicht messen.

Tatsächlich hatte man im letzten Jahrhundert festgestellt, dass Merkur als einziger der Planeten eine leichte Anomalie in seinen Bewegungen aufwies, die nicht durch das Newtonsche Gesetz erklärt werden konnte. Le Verrier stellte in diesem Zusammenhang erstaunliche Berechnungen an, da er glaubte, dass die Anomalie auf die Anziehungskraft eines unbekannten Körpers zurückzuführen sein könnte, der sich zwischen Merkur und der Sonne befindet. Er hoffte, auf diese Weise durch Berechnungen einen innermerkurialen Planeten zu entdecken, so wie er den transuranischen Planeten Neptun entdeckt hatte.

Aber niemand hat seinen Planeten je beobachtet, und die Anomalie des Merkurs brachte die Astronomen weiterhin zur Verzweiflung. Worin bestand nun die Anomalie? Genau in einer anormalen Rotation der Planetenbahn; eine Rotation, die nach den Berechnungen von Le Verrier dreiundvierzig Bogensekunden in einem Jahrhundert beträgt. Das ist genau die Zahl, die wir, ohne irgendeine Hypothese zu benutzen, aus dem Einsteinschen Gravitationsgesetz ableiten!

Es stimmt, dass nach den jüngsten Berechnungen von Grossmann die von Newcomb gesammelten astronomischen Beobachtungen als aufgezeichneten Wert für die säkulare Verschiebung des Perihel des Merkurs nicht 43″ ergeben, wie Le Verrier glaubte, sondern höchstens 38″. Die Übereinstimmung mit Einsteins theoretischem Ergebnis ist also nicht perfekt (was außergewöhnlich gewesen wäre), aber sie ist auffallend und liegt innerhalb der Grenzen des möglichen Beobachtungsfehlers.

Das Einsteinsche Gesetz ist für die langsameren Planeten genauso genau wie das Newtonsche. Für schnellere Körper, deren Bewegung mit größerer Genauigkeit beobachtet werden kann, ist das Newtonsche Gesetz falsch, und das Einsteinsche triumphiert wieder einmal.

Diese Verbesserung dessen, was als perfekt galt - die Arbeit von Newton -, ist ein großer Sieg für den menschlichen Geist. Astronomie und Himmelsmechanik gewinnen dadurch an Präzision und Vorhersagekraft. Wir können nun die goldenen Kugeln auf den triumphalen Flügeln der Berechnung besser als zuvor verfolgen oder ihre Bewegungen um Jahrhunderte vorwegnehmen.

Aber es gibt noch einen weiteren Test für das Einsteinsche Gravitationsgesetz. Wenn es sich um Schall handelt, nimmt die Dauer eines Phänomens nach Einstein zu, wenn das Gravitationsfeld intensiver wird. Daraus folgt, dass die Dauer der Schwingung eines bestimmten Atoms auf der Sonne länger sein muss als auf der Erde. Die Wellenlängen der Spektrallinien desselben chemischen Elements müssten im Sonnenlicht etwas größer sein als im Licht, das auf der Erde entsteht. Jüngste Beobachtungen neigen dazu, dies zu bestätigen, aber die Überprüfung ist weniger zufriedenstellend als im Fall von Quecksilber, da andere Ursachen zur Veränderung der Wellenlängen beitragen können.

Im Großen und Ganzen ist die mächtige Synthese, die Einstein die Allgemeine Relativitätstheorie nennt und die wir hier schnell umrissen haben, eine erhabene und schöne gedankliche Konstruktion sowie ein hervorragendes Instrument zur Erforschung.

Wissen heißt vorhersagen. Diese Theorie sagt voraus, und zwar besser als ihre Vorgänger. Zum ersten Mal verbindet sie Gravitation und Mechanik. Sie zeigt, wie die Materie der äußeren Welt eine Krümmung oder Verformung auferlegt, für die die Gravitation nur ein Symptom ist: so wie das Unkraut, das man auf dem Meer treiben sieht, nur ein Hinweis auf die Strömung ist, die es mit sich führt.

Unabhängig davon, welche Änderungen sie in der Zukunft erfahren wird - denn alles in der Wissenschaft ist offen für Verbesserungen - hat sie uns ein wenig mehr von der Harmonie gezeigt, die aus der Einheit der Naturgesetze hervorgeht.

Aber ich habe ausreichend gezeigt, dass, wenn es mir gelungen ist, den Leser in die Lage zu versetzen, diese Dinge zu verstehen - zumindest zu fühlen - ohne die Hilfe des reinen Lichts, das die Geometrie auf das Unsichtbare wirft, in Anspruch zu nehmen.

KAPITEL VII

IST DAS UNIVERSUM UNENDLICH?

Kant und die Zahl der Sterne - Ausgestorbene Sterne und Dunkelnebel - Umfang und Aussehen des astronomischen Universums - Verschiedene Arten von Universen - Poincarés Berechnung - Physikalische Definition des Unendlichen - Das Unendliche und das Unbegrenzte - Stabilität und Krümmung der kosmischen Raumzeit - Reale und virtuelle Sterne - Durchmesser des Einsteinschen Universums - Die Hypothese von Ätherkugeln.

Ist das Universum unendlich? Diese Frage haben sich die Menschen zu allen Zeiten gestellt, auch wenn sie ihre Bedeutung nicht sehr genau definiert haben. Die Relativitätstheorie ermöglicht es uns, sie von einem neuen und subtilen Gesichtspunkt aus zu betrachten.

Kant - der geniale Brummbär, der es so furchtbar eintönig fand, jedes Jahr dieselbe Sonne scheinen und denselben Frühling blühen zu sehen - bezog seinen Standpunkt aus metaphysischen Erwägungen, als er behauptete, dass der Raum unendlich ist und in allen Teilen mit ähnlichen Sternen übersät ist.

Es ist vielleicht besser, sich in einer solchen Angelegenheit auf die Ergebnisse der jüngsten Beobachtungen zu beschränken und die Türen unseres Debattierzimmers gegen den Nebel der Metaphysik zu verschließen. Letztere würde uns nämlich dazu zwingen, den reinen Raum zu definieren, von dem wir nichts wissen - nicht einmal, ob es ihn überhaupt gibt.

Der Beweis dafür, dass wir wenig darüber wissen, ist die Tatsache, dass die Newtonianer an ihn glauben, während die Einsteinianer ihn lediglich als ein untrennbares Attribut der materiellen Dinge betrachten. Sie definieren den Raum durch die Materie; und sie müssen dann die Materie definieren. Descartes hingegen definierte die Materie über die Ausdehnung, was dasselbe ist wie der Raum. Das ist ein Teufelskreis. Es ist daher besser, die metaphysischen Argumente Kants aus unserer Diskussion herauszulassen und sich strikt an die Erfahrung zu halten, an das, was messbar ist.

Der Einfachheit halber lassen wir zu, dass es dieses Kontinuum gibt, in dem die Sterne schweben, das von ihren Strahlen durchquert wird und das der gesunde Menschenverstand Raum nennt. Wenn es überall Sterne gäbe - wenn sie unendlich zahlreich wären -, dann gäbe es auch überall Raum und Materie. Newtonianer und Einsteinianer könnten dies als einen Triumph empfinden. Diejenigen, die an den absoluten Raum glauben, und diejenigen, die ihn leugnen - Absolutisten und Relativisten - würden sich gleichermaßen freuen.

Es wäre ein Glücksfall, wenn die astronomische Beobachtung zeigen würde, dass die Zahl der Sterne unendlich ist, und so könnten die Vertreter der gegensätzlichen Meinungen in ihren Schriften beide einen Sieg bejubeln. Aber was sagt die astronomische Beobachtung eigentlich aus?

Es gibt diejenigen, die *von vornherein* bestreiten, dass die Zahl der Sterne unendlich sein kann. Diese Zahl, so sagen sie, ist vermehrungsfähig; sie ist also nicht unendlich, weil dem Unendlichen nichts hinzugefügt werden kann. Das Argument ist fadenscheinig, aber nicht stichhaltig, obwohl Voltaire selbst davon verführt wurde. Man braucht kein großer Mathematiker zu sein, um zu erkennen, dass es immer möglich ist, zu einer unendlichen Zahl etwas hinzuzufügen, und dass es unendliche Mengen gibt, die selbst im Vergleich zu anderen unendlich klein sind. Kommen wir nun zu den Fakten.

Wenn das stellare Universum keine Grenzen hat, gibt es keine Sichtlinie von der Erde zum Himmel, die nicht auf einen der Sterne trifft. Der Astronom Olbers hat gesagt, dass der gesamte Nachthimmel in diesem Fall mit der Leuchtkraft der Sonne erstrahlen würde. Aber die Gesamthelligkeit aller Sterne zusammengenommen ist nur dreitausendmal größer als die eines Sterns der ersten Größenordnung oder dreißig Millionen Mal geringer als das Licht der Sonne.

Aber das beweist nichts, denn Olbers' Argument ist aus zwei Gründen falsch. Zum einen gibt es zwangsläufig eine ganze Reihe erloschener oder dunkler Sterne am Himmel. Einige von ihnen wurden genau untersucht und sogar gewogen. Sie verraten ihre Existenz dadurch, dass sie regelmäßig hellere Sterne, mit denen sie kreisen, verfinstern. Andererseits hat man vor einiger Zeit entdeckt, dass der Himmelsraum über weite Strecken von dunklen Gasmassen und Wolken aus kosmischem Staub eingenommen wird, die das Licht der weiter entfernten Sterne absorbieren. Wir sehen also, dass die Existenz einer unendlichen Anzahl von Sternen durchaus mit der Schwäche des nächtlichen Himmelslichts vereinbar ist.

Setzen wir nun unsere Brillen auf - unsere Fernrohre, meine ich - und wenden wir uns von der Provinz der Möglichkeit der Realität zu, und wir werden sehen, dass die jüngsten astronomischen Beobachtungen eine Reihe bemerkenswerter Tatsachen hervorgebracht haben, die unwiderstehlich zu den folgenden Schlussfolgerungen führen.

Die Zahl der Sterne ist nicht, wie man lange Zeit annahm, allein durch die Reichweite unserer Teleskope begrenzt. Wenn wir uns weiter von der Sonne entfernen, bleiben die Anzahl der Sterne, die in einer Raumeinheit enthalten sind, die Häufigkeit der Sterne und die Dichte der Sternenpopulation nicht gleich, sondern nehmen proportional ab, wenn wir uns den Grenzen der Milchstraße nähern.

Die Milchstraße ist ein riesiger Archipel von Sternen, in dessen Zentrum unsere Sonne liegt. Diese Sternenmasse, zu der wir gehören, hat in etwa die Form eines Uhrgehäuses, wobei die Dicke nur etwa die Hälfte der Breite der Struktur ausmacht. Das Licht, das sich von der Erde zum Mond in etwas mehr als einer Sekunde, von der Erde zur Sonne in acht Minuten und von der Erde zum nächsten Stern in drei Jahren bewegt, braucht mindestens 30.000 Jahre - dreihundert Jahrhunderte - um von einem Ende der Milchstraße zum anderen zu gelangen.

Die Zahl der Sterne in der Milchstraße liegt zwischen 500 und 1.500 Millionen. Das ist eine kleine Zahl: kaum so groß wie die menschliche Bevölkerung auf der Erde, viel kleiner als die Anzahl der Eisenmoleküle in einem Stecknadelkopf.

Darüber hinaus haben wir dichte Sternansammlungen entdeckt, wie die Magellanschen Wolken, den Sternhaufen im Herkules und so weiter, die zu den Rändern unserer Milchstraße zu gehören scheinen - sozusagen Vororte von ihr sind. Diese Vororte scheinen sich über eine beträchtliche Entfernung zu erstrecken, insbesondere auf einer Seite der Milchstraße. Der am weitesten entfernte ist vielleicht nicht weniger als 200.000 Lichtjahre von uns entfernt.

Jenseits davon scheint der Raum menschenleer zu sein, ohne Sterne, in einer Weite, die im Vergleich zu den Dimensionen unseres galaktischen Universums, wie wir es beschrieben haben, riesig ist. Was liegt jenseits davon?

Nun, darüber hinaus finden wir diese seltsamen Körper, die Spiralnebel, die wie Silberschnecken im Garten der Sterne liegen. Wir haben mehrere hunderttausend von ihnen entdeckt. Einige Astronomen glauben, dass diese spiralförmigen Sternmassen Anhängsel der Milchstraße sind, verkleinerte Modelle von ihr. Die meisten Astronomen neigen aus gutem Grund zu der Ansicht, dass die Spiralnebel Systeme sind, die der Milchstraße ähneln und mit ihr in ihren Dimensionen vergleichbar sind. Wenn die erste Ansicht richtig ist, könnte das gesamte Sternensystem, das unseren Teleskopen zugänglich ist, vom Licht in einige hunderttausend Jahre durchquert werden. Bei der zweiten Hypothese müssten die Dimensionen des Sternenuniversums, zu dem wir gehören, mit zehn multipliziert werden, und das Licht bräuchte mindestens Millionen von Jahren, um es zu durchqueren.

Nach der ersten Auffassung besteht das gesamte stellare Universum, soweit es uns zugänglich ist, aus der Milchstraße und ihren Anhängen, d. h. aus einer lokalen Konzentration von Sternen, über die hinaus wir nichts sehen können. Das stellare Universum ist also praktisch begrenzt, zumindest aber endlich.

Bei der zweiten Betrachtungsweise ist unsere Milchstraße nur eines der Myriaden von Spiraluniversen, die wir sehen. Der Spiralnebel (mit seinen Hunderten von Millionen von Sternen) spielt in diesem größeren Universum die gleiche Rolle wie ein Stern in der Milchstraße. Wir stehen vor demselben Problem wie zuvor, nur in einem größeren Maßstab: Wenn die Milchstraße aus einer Konzentration einer endlichen Anzahl von Sternen besteht, wie die Beobachtung beweist, besteht dann das zugängliche Universum aus einer endlichen Anzahl von Spiralnebeln?

Die Erfahrung hat sich zu diesem Punkt noch nicht geäußert. Aber meiner Meinung nach ist es wahrscheinlich, dass die Wissenschaft, wenn unsere Instrumente leistungsfähig genug sind, um ein solches Problem anzugehen - vielleicht in einigen Jahrhunderten - mit "Ja" antworten wird.

Wenn es anders wäre, wenn die Spiralnebel ziemlich gleichmäßig verteilt wären, können wir durch Berechnungen zeigen, dass die Anziehung umgekehrt proportional zum Quadrat der Entfernung ist und die Gravitation in einem solchen Universum eine unendliche Intensität hätte, sogar in dem Teil, in dem wir leben. Aber das ist nicht der Fall. Daraus folgt, dass entweder die Anziehungskraft zweier Massen bei großen Entfernungen schneller abnimmt als im umgekehrten Verhältnis zum Quadrat der Entfernung (was nicht völlig unmöglich ist), oder dass die Anzahl der Sternsysteme und der Sterne endlich ist. Ich persönlich bevorzuge die zweite Hypothese, aber sie ist nicht beweisbar. In solchen

Angelegenheiten gibt es immer eine Alternative, immer eine Möglichkeit, der eigenen Voreingenommenheit zu entkommen, und es gibt wirklich nichts, was uns zwingt zu sagen, dass die Anzahl der Sterne endlich ist.

Ausgehend von dem beobachteten Mittelwert der Eigenbewegungen der näheren Sterne hat Henri Poincaré errechnet, dass die Gesamtzahl der Sterne in der Milchstraße etwa eine Milliarde betragen muss. Diese Zahl stimmt recht gut mit den Ergebnissen der von Astronomen mit Hilfe von fotografischen Platten durchgeführten Sternmessungen überein.

Er hat auch gezeigt, dass die Eigenbewegungen der Sterne größer wären, wenn es viel mehr Sterne gäbe als die, die wir sehen. Die Berechnungen von Poincaré sprechen also gegen die Hypothese einer unendlichen Ausdehnung des Sternenuniversums, da die Zahl der "gezählten" Sterne ziemlich genau mit der "berechneten" übereinstimmt. Wir sollten jedoch hinzufügen, dass diese Berechnungen nichts beweisen, wenn das Gesetz der Anziehung bei enormen Entfernungen nicht ganz das umgekehrte Verhältnis zum Quadrat ist.

Ist das Universum hingegen endlich, wie es in der klassischen Wissenschaft angenommen wird, würde das Licht der Sterne und die einzelnen Sterne selbst allmählich ins Unendliche abdriften, und der Kosmos würde verschwinden. Unser Verstand sträubt sich gegen diese Konsequenz, und die astronomische Beobachtung findet keine Spur einer solchen Verschiebung.

Mit einem Wort, im Raum der "Absolutisten" kann das stellare Universum nur dann unendlich sein, wenn das Gesetz des Quadrats der Abstände für sehr weit entfernte Massen nicht ganz genau ist; und es kann nicht endlich sein, außer unter der Bedingung, dass es in Bezug auf die Zeit vergänglich ist.

Für Newton könnte das *stellare* Universum in einem unendlichen Universum tatsächlich endlich sein, da es seiner Ansicht nach Raum ohne Materie geben kann. Für Einstein hingegen sind das Universum und das materielle oder stellare Universum ein und dasselbe, denn es gibt keinen Raum ohne Materie oder Energie.

Diese Schwierigkeiten und Unklarheiten verschwinden größtenteils, wenn wir den Raum bzw. die Raumzeit vom Standpunkt der Einsteinschen Allgemeinen Relativitätstheorie aus betrachten.

Welche Bedeutung hat der Satz "Das Universum ist unendlich"? Aus der Sicht eines Einsteinianers, eines Newtonianers oder eines Pragmatikers bedeutet er: Wenn ich ewig geradeaus gehe, werde ich niemals zu meinem Ausgangspunkt zurückkehren.

Ist das möglich? Newton ist gezwungen, dies zu bejahen, denn seiner Ansicht nach dehnt sich der Raum unendlich aus, unabhängig von den Körpern, die einen Teil davon einnehmen, unabhängig davon, ob die Zahl der Sterne begrenzt ist oder nicht.

Aber Einstein sagt nein. Für den Relativisten ist das Universum nicht unbedingt unendlich. Ist es deshalb begrenzt, eingezäunt durch eine Art Geländer? Nein. Es ist nicht begrenzt.

Eine Sache kann unbegrenzt sein, ohne unendlich zu sein. Zum Beispiel kann ein Mensch, der sich auf der Erdoberfläche bewegt, unendlich weit in alle Richtungen reisen, ohne jemals eine Grenze zu erreichen. Die so betrachtete Erdoberfläche oder die Oberfläche einer beliebigen Kugel ist also sowohl endlich als auch unbegrenzt. Nun, wir müssen nur auf den dreidimensionalen Raum anwenden, was wir im zweidimensionalen Raum finden (eine Kugeloberfläche), um zu sehen, wie das Universum gleichzeitig endlich und unbegrenzt sein kann.

Wir haben gesehen, dass das Einsteinsche Universum als Folge der Gravitation nicht euklidisch, sondern gekrümmt ist. Es ist, wie gesagt, schwierig, wenn nicht gar unmöglich, sich eine Krümmung des Raumes vorzustellen. Aber die Schwierigkeit besteht nur für unsere Vorstellungskraft, die durch unser Sinnesleben eingeschränkt ist, nicht für unsere Vernunft, die weiter und höher reicht. Es ist einer der häufigsten Irrtümer, anzunehmen, dass die Flügel der Phantasie stärker sind als die der Vernunft. Will man den Beweis des Gegenteils, so braucht man nur zu vergleichen, was die poetischsten antiken Denker vom Sternenhimmel gemacht haben mit dem, was die moderne Wissenschaft über das Universum erzählt.

Hier ist der Weg, wie wir unser Problem angehen können. Sehen wir einmal von der eher unregelmäßigen Verteilung der Sterne in unserem Sternsystem ab und nehmen wir an, dass sie ziemlich homogen ist. Welche Bedingung muss erfüllt sein, damit diese Verteilung der Sterne unter dem Einfluss der Gravitation stabil bleibt? Die Berechnung gibt uns diese Antwort: Die Krümmung des Raums muss konstant sein, und zwar so, dass der Raum wie eine Kugeloberfläche gekrümmt ist.

Die von den Sternen ausgehenden Lichtstrahlen können ewig und auf unbestimmte Zeit durch dieses unbegrenzte, aber endliche Universum wandern. Wenn der Kosmos auf diese Weise kugelförmig ist, können wir uns sogar vorstellen, dass die Strahlen, die von einem Stern - zum Beispiel der Sonne - ausgehen, das Universum durchqueren und am diametral entgegengesetzten Punkt des Universums zusammenlaufen.

In einem solchen Fall könnten wir erwarten, Sterne an entgegengesetzten Punkten des Himmels zu sehen, von denen der eine das Bild, das Gespenst, der "Doppelgänger" des anderen wäre - in dem Sinne, den die alten Ägypter dem Wort gaben. Genau genommen würde dieser "Doppelgänger" nicht den erzeugenden Stern so darstellen, wie er ist, sondern so, wie er zu der Zeit war, als er die Strahlen aussandte, die den Doppelgänger bilden, oder Millionen von Jahren früher.

Wenn wir das Original und den Doppelstern, die Realität und die Fata Morgana, gleichzeitig von einem weit entfernten Teil des Sternensystems aus beobachten, etwa von unserem Planeten aus, werden wir einen großen Unterschied zwischen ihnen feststellen, denn die "Kopie" zeigt uns das Original, wie es Tausende von Jahrhunderten zuvor war. Es kann sogar passieren, dass der zweite Stern heller leuchtet als der erste, weil der erste in der Zwischenzeit allmählich abgekühlt ist und vielleicht sogar erloschen ist.

Es ist unwahrscheinlich, dass wir viele dieser Phantomsterne oder virtuellen Sterne, leuchtende und unwirkliche Töchter schwerer Sonnen, finden werden. Der Grund dafür ist, dass die Strahlen auf ihrem Weg durch das Universum im Allgemeinen von den Sternen abgelenkt werden, in deren Nähe sie vorbeiziehen. Eine Bündelung oder Konvergenz der Strahlen an den Antipoden des realen Sterns muss selten sein. Außerdem werden die Strahlen bis zu einem gewissen Grad von der kosmischen Materie, auf die sie im Weltraum treffen, absorbiert. Es ist jedoch nicht ausgeschlossen, dass die Astronomen der Zukunft solche Phänomene entdecken werden. Es ist in der Tat nicht ausgeschlossen, dass wir solche Dinge bereits beobachtet haben, ohne es zu wissen.

Was die Beobachter in der Vergangenheit nicht getan haben, können sie in der Zukunft dank der Anregungen der neuen Wissenschaft sehr wohl tun. Möglicherweise wird sie einen großen Einfluss auf die beobachtende Astronomie ausüben und sie dazu veranlassen, brillante neue Nachweise der Theorie zu liefern. Es mag erstaunliche, von unserer Torheit unvorhergesehene Ergebnisse der neuen Konzeptionen geben, die in ihrer phantastischen Poesie die romantischsten Konstruktionen der Phantasie übertreffen. Die Wirklichkeit, oder zumindest das Mögliche, erhebt sich zu schwindelerregenden Höhen, die weit außerhalb der Reichweite der goldenen Flügel der Phantasie lagen.

Auf einer früheren Seite habe ich von den Millionen von Jahren gesprochen, die das Licht braucht, um unser gekrümmtes Universum zu durchqueren. Ausgehend von dem recht gut gesicherten Wert der in der Milchstraße enthaltenen Materiemenge ist es möglich, die Krümmung der Welt und ihren Radius zu berechnen. Wir stellen fest, dass der Radius einen Wert von mindestens 150.000.000 Lichtjahren hat.

Das Licht braucht also mindestens 900.000.000 Jahre, um mit einer Geschwindigkeit von 186.000 Meilen pro Sekunde das Universum zu durchqueren, wenn man davon ausgeht, dass es nur aus der Milchstraße und ihren Anhängseln besteht. Diese Zahl stimmt gut mit den Zahlen überein, die wir aus astronomischen Beobachtungen für die Dimensionen des galaktischen Systems erhalten, und auch mit den viel größeren Zahlen, die wir finden, wenn wir die Spiralnebel als Milchstraßen betrachten.

Für den Relativisten kann das Universum also unbegrenzt sein, ohne unendlich zu sein. Was den Pragmatiker betrifft, der geradeaus geht - der dem folgt, was er eine gerade Linie oder den Weg des Lichts nennt -, so wird er am Ende zu dem Körper zurückkehren, von dem er ausgegangen ist, vorausgesetzt, er hat genug Zeit zur Verfügung. Er wird dann sagen, dass, wenn das die Natur der Dinge ist, das Universum nicht unendlich ist.

Die Frage nach der Unendlichkeit oder Endlichkeit des Universums kann also durch die Erfahrung kontrolliert werden, und eines Tages wird es möglich sein, zu beweisen, ob der gesamte Kosmos und der Raum Newton'sch oder Einstein'sch sind. Leider wird es eine sehr lange Erfahrung sein, mit verschiedenen kleinen praktischen Schwierigkeiten, die es zu überwinden gilt.

Wir können es daher vorziehen, uns nicht ohne weitere Anweisungen festzulegen. Wir können uns nicht gezwungen fühlen, zwischen den beiden Konzepten zu wählen, und wir können den Vorteil des Zweifels derjenigen überlassen, die falsch ist.

Darüber hinaus gibt es vielleicht noch ein drittes Problem: wenn schon nicht für den Pragmatiker, so doch zumindest für den Philosophen - ich meine, da die Physik in England unter dem Titel "Natural Philosophy" geführt wird, für den Physiker.

Hier ist sie. Wenn alle Himmelskörper, die wir kennen, zur Milchstraße gehören, können andere und sehr weit entfernte Universen für uns unzugänglich sein, weil sie optisch von uns isoliert sind; möglicherweise durch die Phänomene der kosmischen Lichtabsorption, auf die wir bereits hingewiesen haben.

Dies könnte aber auch auf etwas anderes zurückzuführen sein, das die Relativisten vielleicht schockieren wird, den Newtonianern aber durchaus möglich erscheint. Der Äther, das Medium, das die Lichtwellen überträgt, und das Einstein am Ende noch einmal zugelassen hat (wobei er sich jedoch weigerte, ihm seine bekannten kinematischen Eigenschaften zu geben), und die Materie scheinen immer mehr nur Modalitäten zu sein. Wir haben dies auf der Grundlage der jüngsten physikalischen Entdeckungen in einem früheren Kapitel erläutert. Es gibt nichts, was beweist, dass diese beiden Formen der Substanz nicht immer miteinander verbunden sind.

Gibt mir das nicht das Recht zu denken, dass vielleicht unser ganzes sichtbares Universum, unsere lokale Konzentration von Materie, nur ein isolierter Klumpen oder eine Kugel aus Äther ist? Wenn es so etwas wie einen absoluten Raum gibt (was nicht bedeutet, dass er für uns zugänglich ist), dann ist er sowohl vom Äther als auch von der Materie unabhängig. In diesem Fall gäbe es rund um unser Universum riesige leere Räume ohne Äther. Möglicherweise tummeln sich jenseits davon andere Universen; und für uns wären solche Welten für immer so, als ob sie nicht existieren würden. Kein Strahl der Erkenntnis würde uns jemals von ihnen erreichen. Nichts könnte die schwarzen, stummen Abgründe durchqueren, die unsere stellare Insel umgeben. Unsere

Blicke sind für immer auf diese riesige - und doch zu kleine - Monade beschränkt.

"Gibt es denn", werden einige erstaunt ausrufen, "Dinge, die es gibt, die wir aber nie kennen werden?" Naive Anmaßung, alles in ein paar Kubikzentimetern grauen Hirnschmalzes erfassen zu wollen!

KAPITEL VIII

WISSENSCHAFT UND REALITÄT

Das Einsteinsche Absolutum - Offenbarung durch die Wissenschaft - Erörterung der experimentellen Grundlagen der Relativität - Andere mögliche Erklärungen - Argumente für die reale Kontraktion von Lorentz - Der Newtonsche Raum kann sich vom absoluten Raum unterscheiden - Das Reale ist eine privilegierte Form des Möglichen - Zwei Haltungen angesichts des Unbekannten.

Wir nähern uns dem Ende unserer Arbeit. Hat die Wirklichkeit, durch das Prisma der Wissenschaft betrachtet, mit den neuen Theorien ihr Aussehen verändert? Ja, gewiss. Die Relativismustheorie behauptet, den Achromatismus des Prismas und damit das Bild, das es uns von der Welt vermittelt, verbessert zu haben.

Zeit und Raum, die beiden Pole, um die sich die Sphäre der empirischen Daten drehte und von denen man glaubte, sie seien unerschütterlich, sind aus ihrer festen Position herausgelöst worden. An ihrer Stelle bietet uns Einstein das Kontinuum, in dem Wesen und Phänomene schweben: die vierdimensionale Raumzeit, in der Raum und Zeit miteinander verschränkt sind.

Aber dieses Kontinuum ist selbst nur eine schlaffe Form. Es hat keine Steifheit. Es passt sich gefügig an alles an. Es gibt nichts Festes, weil es keinen festen Bezugspunkt gibt, anhand dessen wir die Phänomene verteilen könnten; weil es an den Ufern dieses großen Ozeans, in dem die Dinge schwimmen, keine festen Ringe mehr gibt, an denen die Seefahrer einst ihre Schiffe befestigten.

Bis zu diesem Punkt hat die Relativitätstheorie ihren Namen verdient. Aber nun erhebt sich trotz dieser Theorie und ihres Namens etwas, das eine unabhängige und bestimmte Existenz in der äußeren Welt zu haben scheint, eine Objektivität, eine *absolute* Realität. Dies ist das "Intervall" der Ereignisse, das durch alle Schwankungen der Dinge hindurch konstant und unveränderlich bleibt, wie unendlich vielfältig auch die Gesichtspunkte und Bezugsnormen sein mögen.

Von diesem Datum, das, philosophisch gesprochen, seltsamerweise dieselben Eigenschaften aufweist, die der älteren absoluten Zeit und dem absoluten Raum so sehr vorgeworfen wurden, leitet sich der gesamte konstruktive Teil der Relativitätstheorie ab, der Teil, der zu den von uns beschriebenen großartigen Nachweisen führt.

So scheint die Relativitätstheorie ihren Ursprung, ja sogar ihren Namen zu verleugnen, in allem, was sie zu einem nützlichen Monument der Wissenschaft, einem konstruktiven Werkzeug, einem Instrument der Entdeckung macht. Sie ist eine Theorie eines neuen Absoluten: des Intervalls, das durch die Geodäsie des vierdimensionalen Universums dargestellt wird. Es ist eine neue absolute Theorie. Es ist so wahr, dass man auch in der Wissenschaft nichts auf reiner Negation aufbauen kann. Für die Schöpfung braucht man Bejahung.

Die Relativitätstheorie hat brillante Siege errungen, gekrönt von der entscheidenden Sanktion der Fakten. Wir haben in unseren früheren Kapiteln einige erstaunliche Beispiele dafür angeführt. Aber zu sagen, dass die Theorie wahr ist, weil sie Phänomene vorhergesagt hat, die später verifiziert wurden, hieße, sie von einem zu eng gefassten pragmatistischen Standpunkt aus zu beurteilen. Es wäre auch - und darin liegt eine echte Gefahr -, dem Verstand andere Wege zu verschließen, auf denen es noch Blumen zu pflücken gibt. Das werden wir nicht tun.

Es ist daher wichtig, trotz ihrer Erfolge - oder gerade wegen ihnen - das Licht der Kritik auf die Grundlagen der neuen Lehre zu richten. Selbst Cäsar musste sich, als er das Kapitol bestieg, die Witze der

Soldaten um seinen Wagen anhören und seinen Stolz zügeln. Auch die Relativitätstheorie muss, während sie in all ihrer Pracht auf dem Triumphweg voranschreitet, lernen, dass sie ihre Grenzen, vielleicht ihre Schwächen hat.

Doch bevor wir weiter darauf eingehen, bevor wir das rohe Licht darauf richten, wollen wir eine Beobachtung machen.

Was auch immer die Unklarheiten der physikalischen Theorien sein mögen, was auch immer die ewige und schicksalhafte Unvollkommenheit der Wissenschaft sein mag, eines kann hier mit Bestimmtheit festgestellt werden: die wissenschaftlichen Wahrheiten sind die am besten begründeten, die sichersten, die am wenigsten zweifelhaften von allen Wahrheiten, die wir in Bezug auf die äußere Welt wissen können. Wenn die Wissenschaft uns die Natur der Dinge nicht in ihrer Gesamtheit offenbaren kann, dann gibt es nichts anderes, das dies ebenso gut tun kann. Die Wahrheiten des Gefühls, des Glaubens, der Intuition haben nichts mit denen der Wissenschaft zu tun, solange sie strikt Wahrheiten der Innenwelt bleiben. Sie befinden sich auf einer anderen Ebene. In dem Augenblick aber, in dem sie beanspruchen, Maßstäbe der äußeren Welt zu sein - was ihre einzige Schwäche wäre -, unterwerfen sie sich der materiellen Wirklichkeit, der wissenschaftlichen Untersuchung der Wahrheit.

Es ist daher unsinnig, von einem "Bankrott der Wissenschaft" im Gegensatz zu der Gewissheit zu sprechen, die uns andere Disziplinen in Bezug auf die Außenwelt geben können. Der Bankrott der einen würde alle anderen bankrott machen. Wenn es sich nicht um die intime Oase handelt, in der die heiteren Realitäten des Gefühls gedeihen, sondern um die trockene und unvollkommen erforschte Wüste der materiellen Welt, dann sind die wissenschaftlichen Fakten die Grundlage aller Konstruktionen. Zerstört man diese, zerstört man alles. Wenn man das

Erdgeschoss eines Hauses angreift und es zum Einsturz bringt, stürzt man auch die oberen Stockwerke ein.

Um die Wahrheit zu sagen, scheint es, dass nichts hier unten so sehr die mystische Gegenwart des Göttlichen offenbart wie die ewige und unbeugsame Harmonie, die die Phänomene vereint und die in den Gesetzen der Wissenschaft ihren Ausdruck findet.

Ist nicht diese Wissenschaft, die uns das weite Universum geordnet, kohärent, harmonisch, geheimnisvoll vereint, organisiert wie eine große stumme Symphonie, beherrscht vom Gesetz statt von der Willkür, von unumstößlichen Regeln statt vom individuellen Willen - ist das nicht eine Offenbarung?

Das ist das einzige Mittel, um den Verstand, der sich der äußeren Wirklichkeit widmet, und den Verstand, der sich dem metaphysischen Geheimnis beugt, miteinander zu versöhnen. Vom Bankrott der Wissenschaft zu sprechen - wenn es mehr bedeutet, als auf die menschliche Schwäche hinzuweisen, die leider offensichtlich genug ist - bedeutet in Wirklichkeit, den Teil des Göttlichen zu verleumden, der unseren Sinnen zugänglich ist, den Teil, den die Wissenschaft offenbart.

Zusammenfassend lässt sich sagen, dass sich die gesamte Einsteinsche Synthese aus der Frage des Michelson-Experiments ergibt, oder zumindest aus einer bestimmten Interpretation dieser Frage.

Das Phänomen der stellaren Aberration beweist, dass das Medium, das das Licht der Sterne zu unseren Augen überträgt, nicht die Bewegung der Erde bei ihrer Umdrehung um die Sonne teilt. Dieses Medium ist den Physikern als Äther bekannt. Lord Kelvin, dem die Ehre zuteil wurde, in der Westminster Abbey unweit des Grabes von Newton beigesetzt zu werden, betrachtete die Existenz des interstellaren Äthers zu Recht als ebenso bewiesen wie die Existenz von der Luft, die wir atmen; denn ohne dieses Medium würde uns die Wärme der Sonne, die Mutter und Amme allen irdischen Lebens, niemals erreichen.

In seiner Speziellen Relativitätstheorie interpretiert Einstein, wie wir gesehen haben, die Phänomene, ohne den Äther einzuführen, oder zumindest ohne die kinematischen Eigenschaften, die ihm gewöhnlich zugeschrieben werden. Mit anderen Worten: Die Spezielle Relativitätstheorie bejaht oder verneint nicht die Existenz des klassischen Äthers. Sie ignoriert ihn.

Diese Gleichgültigkeit oder Geringschätzung des Äthers verschwindet jedoch in der Allgemeinen Relativitätstheorie. Wir haben in einem früheren Kapitel gesehen, dass die Flugbahnen der gravitierenden Körper und des Lichts in dieser Theorie direkt auf eine besondere Krümmung und den nicht-euklidischen Charakter des Mediums zurückzuführen sind, das sich in der Nähe der massiven Körper im Nichts befindet, d.h. der Äther. Dieser wird also, auch wenn Einstein ihm nicht die gleichen kinematischen Eigenschaften zuschreibt wie die klassische Wissenschaft, zum Substrat aller Ereignisse im Universum. Er nimmt seine Bedeutung, seine objektive Realität wieder auf. Er ist das kontinuierliche Medium, in dem sich die raum-zeitlichen Fakten entwickeln.

In ihrer allgemeinen Form und trotz der neuen kinematischen Einstellung, die ihr zugeschrieben wird, gesteht Einsteins allgemeine Theorie also die objektive Existenz des Äthers ein.

Die stellare Aberration zeigt, dass dieses Medium im Verhältnis zur Umlaufbewegung der Erde stationär ist. Das negative Ergebnis des Michelson-Experiments beweist im Gegenteil, dass der Äther an der Bewegung der Erde teilhat. Die Fitzgerald-Lorentz-Hypothese löst diese Antinomie, indem sie zugibt, dass der Äther nicht wirklich an der Bewegung der Erde teilnimmt, aber sagt, dass alle Körper, die plötzlich in ihm verschoben werden, in der Richtung der Bewegung zusammengezogen werden. Diese Kontraktion nimmt mit ihrer

Geschwindigkeit im Äther zu, was das negative Ergebnis des Michelson-Experiments erklärt.

Die Erklärung von Lorentz erschien Einstein unzulässig wegen gewisser Unwahrscheinlichkeiten, auf die wir hingewiesen haben, und vor allem, weil sie davon ausgeht, dass es im Universum ein System privilegierter Bezugspunkte gibt, das an den "absoluten Raum" von Newton erinnert. Einstein, der von dem Grundsatz ausgeht, dass alle Gesichtspunkte gleichermaßen relativ sind, lässt nicht zu, dass es im Universum privilegierte Beobachter gibt - Beobachter, die sich im Äther befinden -, die die Dinge so sehen könnten, wie sie sind, während diese Dinge für jeden anderen Beobachter deformiert wären.

Dann sagt Einstein unter Beibehaltung der Lorentz-Kontraktion und der Formeln, in denen sie ausgedrückt wird, dass diese Kontraktion, obwohl sie wirklich existiert, nur eine Erscheinung ist, eine Art optische Täuschung, die darauf zurückzuführen ist, dass das Licht, das uns Objekte zeigt, sich nicht augenblicklich, sondern mit einer endlichen Geschwindigkeit ausbreitet. Diese Ausbreitung des Lichts folgt Gesetzen, die so beschaffen sind, dass sich der scheinbare Raum und die scheinbare Zeit in genauer Übereinstimmung mit den Formeln von Lorentz verändern. Das ist die Grundlage der Speziellen Relativitätstheorie von Einstein.

Die beiden unmittelbar möglichen Erklärungen für das negative Ergebnis des Michelson-Experiments sind also:

1. Bewegte Objekte werden im stationären Äther, dem festen Substrat aller Phänomene, zusammengezogen. Diese Kontraktion ist real, und sie nimmt mit der Geschwindigkeit des Körpers relativ zum Äther zu. Das ist die Erklärung von Lorentz.

2. Bewegte Objekte sind relativ zu jedem Beobachter kontrahiert. Diese Kontraktion ist nur scheinbar und ergibt sich aus den Gesetzen der Lichtausbreitung. Sie nimmt mit der Geschwindigkeit des bewegten Körpers relativ zum Beobachter zu. Das ist die Erklärung von Einstein.

Aber es gibt mindestens eine weitere mögliche Erklärung. Sie führt neue und seltsame Hypothesen ein, aber sie sind keineswegs absurd. Gerade in der Physik kann die Wahrheit zuweilen unwahrscheinlich erscheinen. Diese Erklärung wird zeigen, wie wir das Ergebnis des Michelson-Experiments unabhängig von Lorentz oder Einstein erklären können.

Diese dritte Erklärungshypothese lautet wie folgt. Jeder materielle Körper trägt den Äther, der mit ihm verbunden ist, als eine Art Atmosphäre mit sich. Darüber hinaus gibt es in den interstellaren Räumen einen ortsfesten Äther, der für die Bewegung der sich darin bewegenden materiellen Körper unempfindlich ist und den wir, um ihn von dem an Körper gebundenen Äther zu unterscheiden, den "Superäther" nennen können. Dieser Superäther nimmt den gesamten interstellaren Raum ein, und in der Nähe der Himmelskörper überlagert er den Äther, den sie mit sich führen. Der Äther und der Superäther durchdringen sich gegenseitig, so wie sie die Materie durchdringen, und die Schwingungen, die sie übertragen, breiten sich unabhängig voneinander aus. Wenn ein materieller Körper eine Reihe von Wellen in den ihn umgebenden Äther aussendet, bewegen sich diese relativ zu ihm mit der konstanten Geschwindigkeit des Lichts. Wenn sie aber die relativ dünne Ätherschicht durchquert haben, die an den materiellen Körper gebunden ist und allmählich in den Überäther übergeht, breiten sie sich in diesem aus, und relativ zu diesem nehmen sie allmählich ihre Geschwindigkeit an.

Es ist wie ein Boot, das den Genfer See mit einer bestimmten Geschwindigkeit überquert. Etwa in der Mitte des Sees ( ) hat es diese Geschwindigkeit im Verhältnis zur engen Strömung, die der Fluss Rhone dort macht, und dann nimmt es sie im Verhältnis zum ruhenden See wieder auf.

In gleicher Weise haben die Lichtstrahlen der Sterne, obwohl sie von Körpern kommen, die sich uns nähern oder entfernen, die gleiche Geschwindigkeit, wenn sie uns erreichen, und dies wird die gemeinsame Geschwindigkeit sein, die der Superäther ihnen auferlegt. So werden auch die Sternstrahlen, die unsere Fernrohre erreichen, durch den Superäther zu uns übertragen, ohne dass die sehr dünne Schicht des beweglichen Äthers, die an die Erde gebunden ist, ihre Ausbreitung stören könnte.

Diese Hypothesen erklären alle Tatsachen und bringen sie in Einklang: (1) die Tatsache der stellaren Aberration, denn die Strahlen, die uns von den Sternen erreichen, werden unverändert durch den Superäther zu uns übertragen; (2) das negative Ergebnis des Michelson-Experiments, denn das Licht, das wir im Labor erzeugen, bewegt sich in dem Äther, der von der Erde getragen wird, wo es seinen Ursprung hat; (3) die Tatsache, dass trotz der Annäherung oder des Rückgangs der Sterne ihr Licht uns mit der gleichen Geschwindigkeit erreicht, die es im Superäther kurz nach seinem Beginn erworben hatte.

So seltsam diese Erklärung auch erscheinen mag, sie ist nicht absurd, und sie wirft keine unüberwindbaren Schwierigkeiten auf. Sie zeigt, dass, wenn das Ergebnis des Michelson-Experiments eine Art Durchfahrtsverbot ist, es neben der Einsteinschen Theorie noch andere Auswege gibt.

Um die Sache wieder aufzugreifen, haben wir uns drei verschiedene Wege angeboten, um den Schwierigkeiten, den scheinbaren Widersprüchen zu entgehen, die mit unserer Erfahrung verbunden sind - die Antinomie, die sich aus der Aberration und dem Michelson-Ergebnis ergibt - und sie werden auf diese Alternativen reduziert:

1. Die Kontraktion von Körpern durch Geschwindigkeit ist real (Lorentz).

2. Die Kontraktion von Körpern durch Geschwindigkeit ist nur eine Erscheinung aufgrund der Gesetze der Lichtausbreitung (Einstein).

3. Die Kontraktion von Körpern durch Geschwindigkeit ist weder real noch scheinbar: es gibt sie nicht (Hypothese des Superäthers in Verbindung mit Äther).

Dies zeigt, dass die Einsteinsche Erklärung der Phänomene uns keineswegs durch die Fakten aufgezwungen wird, oder zumindest nicht absolut durch sie aufgezwungen wird, um jede andere Erklärung auszuschließen.

Ist sie wenigstens durch die Vernunft, durch Prinzipien, durch den Beweischarakter ihrer rationalen Prämissen, oder weil sie nicht mit unserem gesunden Menschenverstand und unseren geistigen Gewohnheiten kollidiert wie die anderen?

Das würde man zunächst vermuten, wenn man sie mit der Lehre von Lorentz vergleicht; und um diese Diskussion zu entlasten, werde ich die dritte Theorie, die ich skizziert habe, die eines Superäthers, vorerst außer Acht lassen.

Was schien am schwierigsten zuzugeben, in Lorentz's Hypothese der realen Kontraktion war, dass die Kontraktion von Körpern wurde davon ausgegangen, dass völlig abhängig von ihrer Geschwindigkeit, nicht in irgendeiner Weise auf ihre Natur, dass es wurde davon ausgegangen, dass die gleiche für alle Körper, egal, was war ihre chemische Zusammensetzung oder physikalischen Zustand.

Ein wenig Nachdenken zeigt, dass dieser seltsame Vorschlag nicht so eindeutig unzulässig ist. Wir wissen, dass die Atome alle aus denselben Elektronen bestehen und dass sie sich nur durch ihre Anzahl und Anordnung unterscheiden und die Körper differenzieren. Wenn also die allen Materien gemeinsamen Elektronen und ihre relativen Abstände gleichzeitig eine geschwindigkeitsbedingte Kontraktion erfahren, ist es natürlich genug anzunehmen, dass das Ergebnis für alle

Objekte dasselbe sein könnte. Wenn ein Eisengitter einer bestimmten Länge durch Hitze gedehnt wird, wird das Ausmaß, in dem eine Temperatur von hundert Grad es ausdehnt, dasselbe sein, ob es zehn oder hundert Stahlstäbe pro Quadratmeter zählt, vorausgesetzt, sie sind identisch.

Die Unwahrscheinlichkeit, die die Relativisten veranlasst hat, die Lorentz-Theorie abzulehnen, ist also nicht wirklich hier zu finden. Sie liegt in den Prinzipien der Theorie. Es liegt daran, dass die Theorie in der Natur ein privilegiertes Bezugssystem zulässt - den stationären Äther, relativ zu dem sich die Körper bewegen.

Lassen Sie uns dies genauer untersuchen. Es wurde behauptet, der stationäre Äther von Lorentz sei lediglich eine Wiederbelebung des absoluten Raums von Newton, den die Relativisten so vehement angegriffen haben. Das ist sehr weit von der Wahrheit entfernt. Wenn, wie wir im <u>vorangegangenen Kapitel</u> angenommen haben, unser Sternenuniversum nur eine riesige Ätherkugel ist, die in einem ätherlosen Raum rollt - eine von vielen solchen Kugeln, die dem Menschen für immer unbekannt bleiben werden -, dann ist es offensichtlich, dass der Äthertropfen, der unser Universum repräsentiert, sich sehr wohl im umgebenden Raum bewegen kann, der dann der wahre "absolute Raum" wäre.

Unter diesem Gesichtspunkt kann der Lorentzsche Äther nicht mit dem absoluten Raum identifiziert werden. Damit würde man sagen, dass der von Newton als "absolut" bezeichnete Raum diesen Namen nicht verdient. Wenn der Newtonsche Raum nur das physikalische Kontinuum ist, in dem sich die Ereignisse unseres Universums abspielen, ist er alles andere als stationär.

In diesem Fall besteht der ganze Fehler, den man Newton vorwerfen muss, darin, dass er einen falschen Ausdruck verwendet hat: dass er etwas als absolut bezeichnet hat, das für ein gegebenes Universum lediglich privilegiert ist. Es wäre ein Streit über die Grammatik , und solche Dinge haben die Wissenschaft noch nie revolutionieren können.

Aber die Relativisten - zumindest die unbußfertigen Relativisten, die Einsteinianer - werden sich damit nicht zufrieden geben. Es genügt ihnen nicht, dass der Newtonsche Raum mit all seinen Privilegien kein absoluter Raum sein darf.

Unsere Vorstellung vom Universum als einer sich bewegenden Insel aus Äther ist geeignet, die Vorrangstellung des Newtonschen Raums mit jenem Agnostizismus zu vereinbaren, der uns verbietet, auf das Absolute zu hoffen. Aber auch das reicht den Einsteinianern nicht aus. Sie wollen den Newtonschen Raum, auf dem die Struktur der klassischen Mechanik aufgebaut ist, all seiner Privilegien berauben. Sie wollen diesen Raum auf die Ränge reduzieren, ihn nur noch analog zu allen anderen Räumen machen, die man sich vorstellen kann und die sich willkürlich in Bezug auf ihn bewegen.

Aus der Sicht des Agnostikers, des Skeptikers, ist dies eine gute und starke Haltung. Aber im Laufe dieses Bandes haben wir Einsteins kraftvolle theoretische Synthese und die überraschenden Nachweise, zu denen sie geführt hat, so sehr bewundert, dass wir nun berechtigt sind, einige Vorbehalte anzubringen. Es ist legitim, auch die Leugnungen der Zweifler in Frage zu stellen, denn schließlich sind sie in Wirklichkeit selbst Bestätigungen.

Wir glauben, dass wir angesichts dieser philosophischen Haltung der Einsteinianer - angesichts dessen, was ich ihren absoluten Relativismus nennen möchte - berechtigt sind, ein wenig zu rebellieren und so etwas zu sagen:

"Ja, alles ist möglich, oder besser gesagt, viele Dinge sind möglich, aber nicht alle Dinge. Ja, wenn ich in ein fremdes Haus gehe, kann die Uhr im Wohnzimmer rund, quadratisch oder achteckig sein. Aber sobald ich das Haus betrete und sehe, dass die Uhr quadratisch ist, habe ich das Recht zu sagen: "Die Uhr ist quadratisch. Sie hat das Privileg, quadratisch zu sein. Es ist eine Tatsache, dass sie weder rund noch achteckig ist.'

"In der Natur ist es dasselbe. Das physische Kontinuum, das wie eine Vase alle Phänomene des Universums enthält, könnte, relativ zu mir - und solange ich es nicht beobachtet habe - irgendwelche Formen oder Bewegungen haben. Aber in der Tat ist es, was es ist. Sie kann nicht gleichzeitig verschiedene Dinge sein. Die Salonuhr kann nicht gleichzeitig ganz aus Gold und ganz aus Silber bestehen.

"Es gibt also eine privilegierte Möglichkeit unter den verschiedenen Möglichkeiten, die wir uns in der äußeren Welt vorstellen. Es ist diejenige, die tatsächlich verwirklicht ist: das, was existiert."

Der vollständige Relativismus der Einsteinianer läuft darauf hinaus, dass das Universum für uns so äußerlich ist, dass wir keine Möglichkeit haben, zwischen dem, was wirklich ist, und dem, was darin möglich ist, zu unterscheiden, was Raum und Zeit betrifft. Die Newtonianer hingegen sagen, dass wir den realen Raum und die reale Zeit an speziellen Zeichen erkennen können. Wir werden diese Zeichen später analysieren.

Mit einem Wort, die reinen Relativisten haben versucht, der Notwendigkeit zu entgehen, die Unzugänglichkeit der Wirklichkeit anzunehmen. Es ist ein Standpunkt, der zugleich bescheidener und viel anmaßender ist als der der Newtonianer, der Absolutisten.

Sie ist bescheidener, weil wir nach Ansicht des Einsteinianers bestimmte Dinge nicht wissen können, die der Absolutist als zugänglich ansieht: reale Zeit und Raum. Er ist anmaßender, weil der Relativist sagt, dass es keine Realität gibt außer der, die beobachtet werden kann. Für ihn sind das Unbekannte und das Nichtexistente ein und dasselbe. Aus diesem Grund wiederholte Henri Poincaré, der tiefgründigste Relativist vor Einstein, ständig, dass Fragen nach dem absoluten Raum und der absoluten Zeit "keinen Sinn" haben.

Zusammenfassend könnte man sagen, dass die Einsteinianer die Worte von Auguste Comte zu ihrem Motto gemacht haben: "Alles ist relativ, und das ist das einzig Absolute".

Newton, dessen raum-zeitliche Prämissen Henri Poincaré energisch ablehnte, und die klassische Wissenschaft nehmen im Gegenteil eine Haltung ein, die Newton selbst gut beschrieb, als er schrieb: "Ich bin nur ein Kind, das am Ufer spielt und sich freut, dass ich manchmal einen gut geschliffenen Kiesel oder eine ungewöhnlich feine Muschel finde, während der große Ozean der Wahrheit unerforscht vor mir liegt." Newton sagt, dass der Ozean unerforscht ist, aber er sagt, dass er existiert; und aus den Merkmalen der Muscheln, die er fand, leitete er bestimmte Eigenschaften des Ozeans ab, insbesondere jene Eigenschaften, die er absolute Zeit und absoluten Raum nennt.

Einsteinianer und Newtonianer sind sich einig in der Auffassung, dass die äußere Welt in unserer Zeit der wissenschaftlichen Forschung nicht vollständig zugänglich ist. Aber ihr Agnostizismus unterscheidet sich in seinen Grenzen. Die Newtonianer sind der Meinung, dass die Welt, so sehr sie uns auch äußerlich sein mag, nicht so weit ist, dass sie "die wirkliche Zeit und den wirklichen Raum für uns unzugänglich macht". Die Einsteinianer vertreten eine andere Meinung. Was sie trennt, ist nur eine Frage des Grades der Skepsis. Die ganze Kontroverse reduziert sich auf einen Grenzstreit zwischen zwei Agnostizismen.

KAPITEL IX

EINSTEIN ODER NEWTON?

Die jüngste Diskussion über den Relativismus in der Akademie der Wissenschaften - Spuren des privilegierten Raums von Newton - Das Kausalitätsprinzip als Grundlage der Wissenschaft - Untersuchung der Einwände von M. Painlevé - Newtonsche Argumente und Antworten der Relativisten - M. Painlevés Formeln der Gravitation-Fundiertheit der Einsteinschen Theorie-Zwei Weltanschauungen-Schlussfolgerung.

Worin bestehen diese "besonderen Zeichen", an denen die Newtonsche Naturauffassung erkennt, dass wir mit dem privilegierten Raum in Berührung kommen, den Newton den absoluten Raum nannte und der ihm als der wirkliche, eigentliche, ausschließliche Rahmen der Erscheinungen erschien?

Diese Zeichen oder Kriterien liegen implizit an der Wurzel der Entwicklung der klassischen Wissenschaft, aber sie blieben eine Zeit lang im Schatten der durch die Einsteinsche Theorie ausgelösten Diskussionen. Abgesehen von anderen, vielleicht weniger edlen Anliegen hat Paul Painlevé vor der Pariser Akademie der Wissenschaften mit brillantem Erfolg die Aufmerksamkeit auf die alten, aber immer noch robusten Argumente gelenkt, die die Stärke des Newtonschen Weltbildes ausmachen.

Lassen Sie uns von nun an von der absoluten Zeit und dem absoluten Raum von Newton und Galilei als privilegiertem Raum und privilegierter Zeit sprechen, um uns nicht weiter den - nicht unberechtigten - metaphysischen Einwänden auszusetzen, die die Qualifikation "absolut" hervorruft.

Warum beruht die klassische Wissenschaft, die Mechanik von Galilei und Newton, auf einem privilegierten Raum und einer privilegierten Zeit? Warum beziehen sie alle Phänomene auf diese einzigartigen Standards und halten sie für die Realität angemessen? Es ist das Prinzip der Kausalität.

Der Grundsatz kann folgendermaßen formuliert werden: Gleiche Ursachen erzeugen gleiche Wirkungen. Das bedeutet, dass die Anfangsbedingungen eines Phänomens dessen spätere Modalitäten bestimmen. Es ist kurz gesagt eine Aussage über den Determinismus der Phänomene, und ohne diesen ist Wissenschaft unmöglich.

Es ist natürlich möglich, in diesem Punkt verfänglich zu sein. Bedingungen, die mit den gegebenen Ausgangsbedingungen völlig identisch sind, können niemals reproduziert oder zu einer anderen Zeit oder an einem anderen Ort entdeckt werden. Es gibt immer irgendeinen Umstand, der anders sein wird; zum Beispiel die Tatsache, dass der Andromedanebel in der Zeit zwischen den beiden Experimenten einige tausend Meilen näher an uns herangekommen ist. Und wir haben keinen Einfluss auf den Nebel in Andromeda.

Glücklicherweise - und das rettet die Situation - haben weit entfernte Körper offenbar nur einen vernachlässigbaren Einfluss auf unsere Experimente. Deshalb können wir sie auch wiederholen. Wenn wir zum Beispiel heute ein Gramm Schwefelsäure in zehn Gramm Sodalösung (ein Zehntel) geben, werden sie in derselben Zeitspanne dieselbe Menge Natriumsulfat erzeugen, die sie ein Jahr zuvor unter denselben Temperatur- und Druckbedingungen erzeugt hätten; trotz der Tatsache, dass Marschall Foch in der Zwischenzeit nach den Vereinigten Staaten gesegelt ist.

So wird das Kausalitätsprinzip (gleiche Ursachen, gleiche Wirkungen) immer bestätigt und nie beanstandet. Es ist also eine empirische Wahrheit, aber darüber hinaus drängt es sich unserem Geist mit unwiderstehlicher Kraft auf . Sie drängt sich sogar den Tieren auf. "Die verbrühte Katze meidet heißes Wasser", ist Beweis genug. Auf jeden Fall beruht nicht nur die Wissenschaft, sondern das ganze Leben von Mensch und Tier auf ihr.

Es ist eine Folge des Prinzips, dass, wenn die Ausgangsbedingungen einer Bewegung eine Symmetrie aufweisen, diese in der Bewegung wieder auftaucht. Darauf hat Paul Painlevé bei der jüngsten Diskussion über den Relativismus in der Akademie der Wissenschaften nachdrücklich hingewiesen. Insbesondere das Trägheitsprinzip folgt aus dieser Aussage: Ein Körper, der sich selbst überlassen wird, weit weg von jeder materiellen Masse, wird aufgrund der Symmetrie in Ruhe bleiben oder sich in einer geraden Linie bewegen.

Für einen bestimmten Beobachter (oder für Beobachter, die sich mit gleichmäßiger Geschwindigkeit relativ zum ersten Beobachter bewegen) wird sie mit Sicherheit einer geraden Linie folgen. Die Newtonianer sagen, dass der Raum dieser Beobachter privilegiert ist.

Für einen anderen Beobachter, der sich relativ zu ihnen mit einer beschleunigten Geschwindigkeit bewegt, wird die Bahn des sich bewegenden Körpers hingegen eine Parabel und ist nicht mehr symmetrisch. Daher ist der Raum dieses neuen Beobachters kein privilegierter Raum.

Mir scheint, dass die Relativisten hierauf wie folgt antworten könnten. Sie haben kein Recht, die Anfangsbedingungen für einen bestimmten Beobachter zu definieren, und dann die nachfolgende Bewegung für einen anderen Beobachter, der sich mit beschleunigter Geschwindigkeit bewegt. Wenn Sie also Ihre Anfangsbedingungen relativ zu diesem Beobachter definieren, ist der sich bewegende Körper in dem Moment, in dem er losgelassen wird, für diesen Beobachter nicht frei, sondern fällt in ein Gravitationsfeld. Es ist daher nicht verwunderlich, dass ihm die erzeugte Bewegung beschleunigt und unsymmetrisch erscheint. Das Kausalitätsprinzip ist für beide Beobachter nicht falsch.

Man könnte auch eine andere Definition des privilegierten Systems geben, und sagen: Es ist dasjenige, relativ zu dem sich das Licht in einem isotropen Medium geradlinig bewegt. Aber in diesem Fall bewegen sich die Strahlen von den Sternen für einen Beobachter, der auf einer sich drehenden Erde steht, in einer Spirale, und die Newtonianer würden daraus schließen, dass sich die Erde relativ zu ihrem privilegierten Raum dreht. Die Einsteinianer werden entgegnen, dass der Raum, in dem sich die Strahlen bewegen, nicht isotrop ist, und dass sie durch das sich drehende Gravitationsfeld, das die Zentrifugalkraft der Erdrotation verursacht, von der geraden Linie in ihm abgelenkt werden. Sie werden immer einen Ausweg finden, der das Kausalitätsprinzip unangetastet lässt.

Es scheint also schwierig zu sein, einen unwiderlegbaren Beweis für die Existenz des privilegierten Systems zu erbringen, wenn man vom Prinzip der Kausalität ausgeht. Jede Partei behält ihre Position bei.

Der zweite Teil der Kritik, die M. Painlevé an den Grundsätzen der Einsteinschen Theorie übt, ist hingegen beweiskräftig, scharf und überzeugend durchdacht.

Fassen wir das Argument des bedeutenden Geometers zusammen. Sie, sagt er zu den Einsteinianern, verweigern jedem Bezugssystem jegliches Privileg. Aber wenn ihr aus euren allgemeinen Gleichungen das Gravitationsgesetz rechnerisch ableiten wollt, könnt ihr es nicht tun, und ihr tut es wirklich nicht, es sei denn, ihr führt kaum verhüllte Newtonsche Hypothesen und privilegierte Bezugsachsen ein. Sie kommen nur dann zum Ergebnis Ihrer Berechnung, wenn Sie Zeit und Raum scharf trennen, wie Newton es tut, und wenn Sie Ihre gravitierenden, sich bewegenden Objekte auf rein newtonsche privilegierte Achsen beziehen, bei denen bestimmte Symmetriebedingungen erfüllt sind.

Zu dieser feinen und tiefgreifenden Kritik, die M. Painlevé vorbringt, kommt noch die von Wiechert hinzu, der auf verschiedene andere Hypothesen hingewiesen hat, die Einstein im Laufe seiner Berechnungen eingeführt hat.

Mit einem Wort, Einstein scheint sich nicht ganz von den Newtonschen Prämissen, die er ablehnt, ferngehalten zu haben. Er hat nicht die Verachtung für sie, die man vermuten würde, und er zögert nicht, gelegentlich auf sie zurückzugreifen, um seine Berechnungen zu unterstützen. Das ist eher eine kleine Ehrerbietung an die Götzen, die Sie verbrannt haben.

Die Einsteinianer werden zweifelsohne entgegnen, dass die Einführung der Newtonschen Achsen im Verlauf ihrer Argumentation dazu dient, die Ergebnisse der Berechnungen mit den Ergebnissen der experimentellen Messungen vergleichbar zu machen. Die in ihre Gleichungen eingeführten Achsen haben für die Relativisten das alleinige Privileg, diejenigen zu sein, auf die die Experimentatoren ihre Messungen beziehen. Aber wir müssen zugeben, dass dies kein kleines Privileg ist.

Das ist noch nicht alles. Das Prinzip der Allgemeinen Relativitätstheorie läuft auf Folgendes hinaus: Alle Bezugssysteme sind gleichwertig, wenn es darum geht, Naturgesetze auszudrücken, und diese Gesetze sind invariant gegenüber jedem Bezugssystem, auf das sie bezogen sind. Das bedeutet im Klartext: Es gibt Beziehungen zwischen den Objekten der materiellen Welt, die unabhängig sind von demjenigen, der sie beobachtet, und insbesondere von seiner Geschwindigkeit. Wenn also ein Dreieck auf ein Papier gezeichnet wird, dann gibt es etwas in dem Dreieck, das es charakterisiert und das identisch ist, ob der Beobachter sehr schnell oder sehr langsam oder mit beliebiger Geschwindigkeit und in beliebiger Richtung neben dem Papier vorbeigeht.

M. Painlevé bemerkt zu Recht, dass der Grundsatz in dieser Form eine Art Binsenweisheit ist. Es ist ein hartes Urteil, aber es drückt eine bestimmte Tatsache aus. Die realen Beziehungen der äußeren Objekte können nicht durch den Standpunkt des Beobachters verändert werden.

Einstein entgegnet, dass es auf jeden Fall etwas ist, ein Sieb bereitgestellt zu haben, durch das wir die Gesetze und Formeln, die dazu dienen, die empirisch beobachteten Phänomene darzustellen, sichten können: ein Kriterium, das sie durchlaufen müssen, bevor sie als richtig anerkannt werden. Das ist wahr. Das Newtonsche Gesetz in seiner klassischen Form hat dieses Kriterium nicht erfüllt. Das beweist, dass es nicht ganz so offensichtlich war. Eine Wahrheit, die gestern noch unbekannt war, ist heute zu einer Binsenweisheit geworden. Das ist umso besser.

Indem die Relativitätstheorie eine der Bedingungen ausdrückt, die von den Naturgesetzen erfüllt werden müssen, hat sie zumindest das, was man im philosophischen Jargon einen "heuristischen" Wert nennt. Dennoch ist es wahr, wie M. Painlevé mit großer Kraft und Klarheit hervorhebt, dass das Prinzip der Allgemeinen Relativitätstheorie, wenn es in diesem Licht betrachtet wird, nicht in der Lage wäre, präzise Gesetze zu liefern. Es wäre durchaus mit einem Gravitationsgesetz vereinbar, bei dem die Anziehungskraft umgekehrt proportional wäre, nicht zum Quadrat, sondern zur siebzehnten oder hundertsten Potenz oder zu einer beliebigen Potenz der Entfernung.

Um das richtige Gravitationsgesetz aus dem Prinzip der Allgemeinen Relativitätstheorie zu extrahieren, müssen wir ihm die Einsteinsche Interpretation des Ergebnisses des Michelson-Experiments hinzufügen, d. h., dass sich das Licht relativ zu jedem Beobachter lokal in jeder Richtung mit der gleichen Geschwindigkeit bewegt. Wir müssen auch verschiedene Hypothesen hinzufügen, die M. Painlevé als Newtonsche ansieht.

Der kritischen Diskussion der Relativitätstheorie, die er so brillant in der Akademie der Wissenschaften präsentierte, fügte M. Paul

Painlevé einen wertvollen mathematischen Beitrag hinzu, dessen wichtigstes Ergebnis das folgende ist: Es ist möglich, andere Gravitationsgesetze als das von Einstein angebotene zu formulieren, und alle werden die Einsteinschen Bedingungen erfüllen.

Der gelehrte französische Geometriker nannte mehrere davon, vor allem eine, deren Formel erheblich von der Einsteins abweicht, die aber ebenso präzise die Bewegungen der Planeten, die Verschiebung des Perihels des Merkurs und die Ablenkung der Lichtstrahlen in der Nähe der Sonne erklärt.

Diese neue Formel entspricht einem von der Zeit unabhängigen Raum und hat nicht die Konsequenz, die Einsteins Formel in Bezug auf die Verschiebung aller Linien des Sonnenspektrums ins Rote hat. Die Überprüfung oder Nichtüberprüfung dieser Konsequenz der Einsteinschen Gleichung, auf deren (vielleicht unüberwindliche) Schwierigkeiten wir in einem früheren Kapitel hingewiesen haben, erhält somit eine neue Bedeutung.

Es ist bemerkenswert, dass viele der von M. Painlevé gegebenen Formeln der Gravitation zu dem Schluss führen, dass der Raum auch in Sonnennähe euklidisch bleibt, in dem Sinne, dass die Maße nicht notwendigerweise kontrahiert werden.

All dieses Licht am astronomischen Horizont scheint der Beginn einer neuen Ära zu sein, in der Beobachtungen von noch nie dagewesener Feinheit Tests liefern werden, die dem Gravitationsgesetz eine genauere und weniger zweideutige Form geben sollen. Dem Astronomen stehen große Tage - oder besser gesagt, große Nächte - bevor.

Was die Grundsätze betrifft, so wird die Kontroverse weitergehen. Sie muss in etwa mit dem folgenden Dialog enden:

Der Newtonianer: Geben Sie zu, dass an einem Punkt im Universum, der weit von allen materiellen Massen entfernt ist, ein sich bewegendes Objekt, das sich selbst überlassen bleibt, einer geraden Linie folgen muss? Wenn ja, erkennen Sie die Existenz von privilegierten Beobachtern an, für die die Linie gerade ist. Für einen anderen Beobachter ist die Linie eine Parabel. Daher ist seine Sichtweise falsch.

Der Relativist: Ja, das gebe ich zu; aber es gibt tatsächlich keinen Punkt im Universum, an dem es keinen Einfluss von entfernten materiellen Massen gibt. Daher ist Ihr sich bewegendes Objekt, das sich selbst überlassen bleibt, eine reine Fiktion, und ich werde die Wissenschaft nicht auf ein unüberprüfbares Stück Phantasie stützen. Das ganze Ziel der Relativisten ist es, die Wissenschaft von allem zu befreien, was keine experimentelle Bedeutung hat. Der Beobachter, der sieht, dass das sich bewegende Objekt eine Parabel beschreibt, wird seine Beobachtung dahingehend interpretieren, dass sich das Objekt in einem Gravitationsfeld befindet.

Der Newtonianer: Sie sind also gezwungen zuzugeben, dass es weit entfernt von aller Materie, weit entfernt von allen Himmelskörpern, das geben kann, was Sie ein Gravitationsfeld nennen, dass es je nach der Geschwindigkeit des Beobachters variiert und dass es trotz der Entfernung der Himmelskörper sehr intensiv sein kann und manchmal sogar mit dieser Entfernung zunimmt. Das sind seltsame und absurde Hypothesen.

Der Relativist: Sie sind seltsam, aber ich fordere Sie auf zu beweisen, dass sie absurd sind. Sie sind weniger absurd, als einen Punkt zu lokalisieren und in Bewegung zu setzen, der isoliert und unabhängig von jeder materiellen Masse ist.

Der Newtonianer: Ich für meinen Teil kann mir gut vorstellen, dass ein einziger materieller Punkt im Universum eine bestimmte Position und eine bestimmte Geschwindigkeit in ihm hat.

Der Relativist: Im Gegenteil, wenn es einen solchen materiellen Punkt gäbe, wäre es absurd und unmöglich, von seiner Position und seiner Bewegung zu sprechen. Er hätte weder Position noch Bewegung noch Ruhe. Solche Dinge können nur in Bezug auf andere materielle Punkte existieren.

Der Newtonianer: Das ist nicht meine Meinung.

Der unparteiische Beobachter: Um zu wissen, wer von Ihnen Recht hat, müssten wir ein Experiment an einem materiellen Punkt durchführen, der dem Einfluss des restlichen Universums entzogen ist. Können Sie dieses Experiment durchführen?

Der Newtonianer und der Relativist (zusammen): Nein, unglücklicherweise.

Der Metaphysiker (der wie der dritte Dieb in der Fabel auftaucht): Dann, meine Herren, rate ich Ihnen, zu Ihren Teleskopen, Ihren Laboratorien und Ihren Logarithmentafeln zurückzukehren. Der Rest ist meine Angelegenheit.

Der Newtonianer und der Relativist (zusammen): In diesem Fall sind wir ziemlich sicher, dass wir nie etwas anderes darüber erfahren werden, als wir jetzt wissen oder glauben.

In der Zwischenzeit kann man die Bedeutung des neuen Lichts, das die Intervention von Paul Painlevé in der Akademie der Wissenschaften auf die Frage der Relativitätstheorie geworfen hat, gar nicht hoch genug einschätzen. Sie wird einen dauerhaften und gewaltigen Nachhall haben.

Wird Einsteins großartige Synthese scheitern? Wird sie in den Kontroversen, Zweifeln und Unklarheiten untergehen, von denen wir hier kurz berichtet haben? Ich glaube nicht.

Als Christoph Kolumbus Amerika entdeckte, war es schön und gut, ihm zu sagen, dass seine Prämissen falsch waren, und dass er niemals einen neuen Kontinent erreicht hätte, wenn er nicht geglaubt hätte, dass er nach Indien segelte. Er hätte nach dem Vorbild von Galilei antworten können: "Ich habe ihn entdeckt, trotz allem." Die Methode, die gute Ergebnisse liefert, ist immer eine gute Methode.

Wenn wir in die Tiefen des Unbekannten eintauchen müssen, um etwas Neues zu entdecken, wenn wir mehr und besser lernen müssen, heiligt der Zweck die Mittel. Wenn er uns an die Optik, die Mechanik und die Gravitation erinnert, die jetzt zu einem neuen Bündel zusammengefügt sind, an die Ablenkung des Lichts durch die Schwerkraft, die er wider Erwarten vorausgesagt hat, an die Anomalien des Merkurs, die er als erster erklärt hat, und an seine Verbesserung des Newtonschen Gesetzes, dann kann Einstein mit einem gewissen Stolz sagen: "Das ist es, was ich getan habe: "Das ist es, was ich getan habe."

Man sagt, dass die Wege, auf denen er all diese schönen Ergebnisse erreicht hat, nicht frei von unangenehmen Irrwegen und Sümpfen sind. Nun, es gibt viele Wege nach Rom und zur Wahrheit, und einige von ihnen sind nicht perfekt. Die Hauptsache ist, dass man dort ankommt. Und in diesem Fall bedeutet die Wahrheit alte Tatsachen, die in eine neue Harmonie gebracht werden, und neue Tatsachen, die in prophetischen Gleichungen dargelegt und auf die überraschendste Weise verifiziert werden.

Wenn die Grundsatzdiskussion - wenn die Theorie, die nur der Diener der Erkenntnis ist - ein wenig ihre unterwürfigen und untreuen Schultern über Einsteins Arbeit zuckt, so hat die Erfahrung, die einzige Quelle der Wahrheit, ihn auf jeden Fall gerechtfertigt. Brillante Formeln, die Einstein nicht vorausgesehen hatte, werden jetzt entdeckt, um die Anomalie des Merkurs und die Ablenkung des Lichts zu erklären. Das ist gut: aber wir dürfen nicht vergessen, dass die erste dieser korrekten Formeln, die von Einstein, der Überprüfung kühn vorausgegangen ist.

Im Krieg gegen den ewigen Feind, das Unbekannte, sind neue Gräben entstanden. Gewiss müssen wir sie jetzt organisieren und direktere Wege zu ihnen schaffen. Aber morgen werden wir wieder vorrücken müssen, um mehr Boden zu gewinnen. Wir müssen mit allen uns zur Verfügung stehenden theoretischen Mitteln weitere neue, unbekannte, aber nachprüfbare Fakten aufzeigen. Das ist es, was Einstein getan hat.

Wenn es eine Schwäche von Einsteins Lehre ist, jedem Bezugssystem jegliche Objektivität, jegliches Privileg abzusprechen, während man ein solches System für die Notwendigkeiten der Berechnung nutzt, so war es auf jeden Fall eine Schwäche, die der große Poincaré teilte. Bis zu seinem Tod lehnte er sich energisch gegen die Newtonsche Auffassung auf. Die Unterstützung eines solchen Genies, das an allen unseren modernen Entdeckungen beteiligt war, reicht aus, um der relativistischen Theorie einen gewissen Respekt zu verschaffen.

Wenn wir auf der einen Seite Newton und seinen glühenden und überzeugenden Apologeten haben, der mit einem feinen mathematischen Genie, Paul Painlevé, ausgestattet ist, haben wir auf der anderen Seite Einstein und Henri Poincaré. Schon in der früheren Geschichte standen Aristoteles gegen Epikur, Kopernikus gegen die Scholastiker auf derselben Barrikade. Es ist ein ewiger Krieg der Ideen, und er könnte endlos sein, wenn, wie Poincaré glaubte, das Relativitätsprinzip im Grunde nur eine Konvention ist, mit der die Erfahrung nicht streiten kann, weil sie, wenn wir sie auf das gesamte Universum anwenden, nicht überprüfbar ist.

Es ist die Fruchtbarkeit des Einsteinschen Systems, die beweist, dass es stark und solide ist. Sind die neuen Wesen, mit denen es die Wissenschaft bevölkert hat, die von ihm vorhergesagten Entdeckungen, legitime Kinder? Die Newtonianer sagen, dass sie es nicht sind. Aber in einer richtig geordneten Wissenschaft, wie in einem idealen Staat, sind es die Kinder, die zählen, nicht ihre Legitimität.

Auf jeden Fall hat die energische Gegenoffensive von M. Painlevé die übereifrigen Apostel des neuen Evangeliums, die glaubten, die klassische Wissenschaft unrettbar pulverisiert zu haben, auf ihre Linien zurückgetrieben. Jede Seite bleibt nun auf ihrem Standpunkt. Es geht nicht mehr darum, das Newtonsche Weltbild als ein Stück kindlicher Barbarei zu betrachten. Ihr wird jetzt eine andere Auffassung entgegengesetzt - das ist alles. Der Krieg zwischen ihnen ist noch unentschieden und kann für immer unentschieden bleiben, da die Waffen, mit denen man ihn vielleicht zu Ende führen könnte, für immer im Arsenal der Metaphysik verschlossen sind.

Was auch immer geschehen mag, Einsteins Lehre hat eine Kraft der Synthese und der Vorhersage, die unweigerlich ihr majestätisches Gleichungssystem in die Wissenschaft der Zukunft einbringen wird.

M. Émile Picard, ständiger Sekretär der Akademie der Wissenschaften und einer der brillantesten und tiefgründigsten Denker unserer Zeit, hat die Frage gestellt, ob es ein Fortschritt sei, "zu versuchen, wie Einstein es getan hat, die Physik auf die Geometrie zu reduzieren". Ohne uns mit dieser Frage aufzuhalten, die vielleicht unlösbar ist, wie alle spekulativen Fragen, werden wir mit dem bedeutenden Mathematiker zu dem Schluss kommen, dass das Einzige, was zählt, die Übereinstimmung der endgültigen Formeln mit den Tatsachen ist und die analytische Form, in die die Theorie die Phänomene gießt.

Aus diesem Blickwinkel betrachtet, hat Einsteins Theorie die Solidität von Bronze. Ihre Korrektheit besteht in ihrer Erklärungskraft und in den experimentellen Entdeckungen, die von ihr vorhergesagt und sofort verifiziert wurden.

Was sich in den Theorien ändert, sind die Bilder, die wir uns von den Objekten machen, zwischen denen die Wissenschaft Beziehungen entdeckt und herstellt. Manchmal ändern wir diese Bilder, aber die Beziehungen bleiben wahr, wenn sie auf beobachteten Tatsachen beruhen. Dank dieses gemeinsamen Wahrheitsfundus sterben selbst die vergänglichsten Theorien nicht völlig aus. Sie geben einander, wie die alten Läufer mit ihrer Fackel, die einzige zugängliche Wirklichkeit weiter: die Gesetze, die die Beziehungen der Dinge ausdrücken.

Heute ist es so, dass zwei Theorien zusammen die heilige Fackel umklammern. Die Einstein'sche und die Newton'sche Sicht der Welt sind zwei getreue Spiegelbilder derselben: so wie die beiden gegensätzlich polarisierten Bilder, die uns der isländische Spat in seinem seltsamen Kristall zeigt, beide das Licht desselben Objekts teilen.

Auf tragische Weise isoliert, gefangen in seinem eigenen "Ich", hat der Mensch den verzweifelten Versuch unternommen, "über seinen Schatten zu springen", um die äußere Welt zu erfassen. Aus diesem Bestreben ist die Wissenschaft entstanden, deren wunderbare Antennen unsere Empfindungen subtil verlängern. So haben wir uns stellenweise dem glänzenden Gewand der Wirklichkeit genähert. Aber im Vergleich zu dem Geheimnis, das bleibt, sind die Dinge, die wir kennen, so klein wie die Sterne des Himmels im Vergleich zu dem Abgrund, in dem sie schweben.

Einstein hat für uns neues Licht in den Tiefen des Unbekannten entdeckt. Er ist und bleibt einer der Leuchttürme des menschlichen Denkens.

Fußnoten

[1] Albert Einstein, geboren 1879, ist ein deutscher Jude aus Württemberg. Er studierte in der Schweiz und war dort bis 1909 als Ingenieur tätig, als er Professor an der Universität Zürich wurde. Im Jahr 1911 wechselte er an die Universität Prag, 1912 an das Polytechnikum Zürich und 1914 an die Preußische Akademie der Wissenschaften. Er verweigerte die Unterschrift unter das Manifest, in dem dreiundneunzig Professoren Deutschlands und Österreichs die deutsche Kriegshandlung verteidigten.

[2] *Physik*, Kap. iv, Kap. xiv.

[3] *De Natura Rerum*, Kap. i, Vv. 460 ff.

[4] Es wird davon ausgegangen, dass das Schiff nicht rollt oder nickt und dass es keine Vibrationen im Zug gibt.

[5] Die beste Definition der Sekunde, die man geben kann, ist die folgende: Sie ist die Zeit, die das Licht braucht, um 186.000 Meilen im leeren Raum und fern von jedem starken Gravitationsfeld zurückzulegen. Diese Definition, die einzige strenge Definition, ist auch dadurch gerechtfertigt, dass es kein besseres Mittel zur Regulierung von Uhren gibt als Licht- oder Hertz'sche Signale (die die gleiche Geschwindigkeit haben).

[6] In der geometrischen Berechnung oder Darstellung, die an diese Stelle treten kann, ist die Hypotenuse des Dreiecks die Entfernung in Zeit, wobei jede Sekunde durch 300.000 Kilometer dargestellt wird.

[7] Als Beispiel für eine identische Kraft, die während Zeiträumen wirkt, die nacheinander gleich 1, 2 oder 3 sind, können wir drei Kanonen desselben Kalibers, aber mit Längen von 1, 2 und 3, nehmen, deren Ladungen oder vielmehr deren Antriebskräfte identisch und konstant sind. Man stellt fest, dass die Anfangsgeschwindigkeiten der Geschosse im Verhältnis zueinander 1, 2 und 3 sind.

[8] *De Natura Rerum*, Kap. ii, Vv. 235-40.

[9] Es liegt auf der Hand, dass wir davon ausgehen, dass das Projektil nicht rotiert, d.h. die Columbia-Kanone darf in unseren Hypothesen nicht mit einem Lauf versehen sein. Dies ist unabdingbar, denn wenn sich das Geschoss drehen würde, gäbe es Zentrifugaleffekte, die sowohl die Phänomene als auch unsere Argumentation stark verkomplizieren würden.

[10] Es versteht sich von selbst, dass wir dabei davon ausgehen, dass sich der Lichtstrahl in einem homogenen Medium bewegt.

[11] Wir stellen uns die Erde natürlich als vollkommen kreisförmig und ohne Unregelmäßigkeiten vor.

[12] Es versteht sich von selbst, dass wir davon ausgehen, dass der Beobachter eine Netzhaut mit unmittelbaren Eindrücken hat.

BUCHTIPPS

<u>Abenteuerliche Biografie einer außergewöhnlichen Frau</u>

Mary Seacole, Heroine des Krimkriegs. Autor: Seacole, Mary. In der Hoffnung, bei Ausbruch des Krimkriegs bei der Pflege der Verwundeten helfen zu können, beantragte die in Jamaika geborene Kreolin Mary Seacole beim ...

<u>Abrupte Klimaschwankungen seit 2000 Jahren</u>

Lokale und kosmische Ursachen eines Klimawandels. Herausgeber: Sedlacek, Klaus-Dieter (Hrsg.). Innerhalb der letzten zwei Jahrtausende sind verschiedene abrupte Klimaschwankungen nachweisbar. Der fortwährende Wandel des Klimas verzeichnete allein fünf große Klimaepochen und zahlreiche ...

<u>Ägypten zur Zeit der Pyramidenbauer</u>

Mit 16 Abbildungen im Text und 17 Bildtafeln. Autor: Eduard Meyer , Klaus-Dieter Sedlacek (Hrsg.). Bei keinem Volk der Erde reichen die Denkmäler einer höheren Kultur in so frühe Zeiten hinauf ...

<u>Allgemeine moderne Psychologie</u>

Systematische Einführung in die Wissenschaft psychischer Prozesse. Autor: Messer, August. Man hat mit Recht drei Hauptwurzeln der Psychologie unterschieden: die praktische Menschenkenntnis, den religiösen Seelenglauben und die biologische Lebenserklärung. Psychologie als praktische Menschenkenntnis ...

<u>Alltagsleben im antiken Rom</u>

Ungekürzte Textausgabe der Sittengeschichte Roms Band 1, 2 und 3. Autor: Friedlaender, Ludwig. Die Textfassung dieser Ausgabe beruht auf der von Georg Wissowa besorgten 10. Auflage, die unter dem Titel » Darstellungen ...

<u>Anleitung zum Roman-Schreiben</u>

Wie man anfängt, einen Plot entwickelt und eine gute Geschichte erzählt. Autor: Wilde, Oliver J. Sie wollen einen Roman schreiben? Das ist toll! Aber begnügen Sie sich nicht damit, nur einen Roman ...

<u>Äquivalenz von Information und Energie</u>

Die Grundbausteine der Welt – Neuausgabe – Autor: Sedlacek, Klaus Dieter. „Es stellt sich letztendlich heraus, dass Information ein wesentlicher Grundbaustein der Welt ist", versicherte der durch sein Quantenteleportationsexperiment bekannte Prof. Zeilinger in ...

<u>Archimedes in Alexandrien</u>

Historische Erzählung. Autor: Colerus, Egmont. Die historische Erzählung handelt davon, wie vor 2200 Jahren der geniale Mathematiker und Mechaniker Archimedes die nach ihm benannte Spirale erfand. Eine ägyptische Muse, zu der er ...

<u>Atemtechnik und -Wissenschaft der Hindi-Yogi</u>

Handbuch der fernöstlichen Atmungsphilosophie einschließlich der spirituellen Entwicklung. Autor: Ramacharaka, Yogi. Viele Autoren haben sich mit den Yogi-Lehren befasst, aber es gibt nur wenige wie der Autor dieses Buchs, die dem westlichen ...

<u>Atlantis</u>

Eine unterhaltsame Einführung in die griechische Mythologie. Autor*innen: Hoernes, Moriz. Die Geschichte beginnt im Mai 187o, als die Regierung eine kleine Expedition zur Erforschung der Insel Anthusa im Ägäischen Meer entsendete. Der ...

<u>Auf den Inseln des ewigen Frühlings</u>

Über die wechselreiche Geschichte Hawaiis. Autor: Berger, Arthur. Auszug aus der Einleitung: Heute liegen uns die glücklichen Inseln nicht mehr allzu fern. Dennoch gibt es nicht sehr viele Deutsche, die sich drüben ...

<u>Auf kühnem Flug zum Mars</u>

Eine kosmische Erzählung. Autor: Valier, Max. MAX VALIER war nicht nur einer der bedeutendsten deutschen Raketenexperimentatoren und -enthusiasten, sondern auch der erste Mensch, der sein Leben der Raketentechnik widmete. Sein Tod im ...

<u>Besseres Gedächtnis</u>

Wie man es stärkt, trainiert und einsetzt. Autor: Atkinson, Wilhelm Walker. Viele Menschen scheinen zu glauben, dass Erinnerungen einfach kommen und nicht gefördert werden können. Aber der Trugschluss einer solchen Vorstellung wird ...

<u>Bewusstsein und Unsterblichkeit</u>

Sechs Vorträge. Autor: Schleich, Carl Ludwig. Schleich gibt in diesem Werk als Erster eine physiologische Darstellung der Vorgänge, welche zu einem Ichgefühl führen. Ihm steht als erfahrener Mediziner das Experiment der Narkose ...

<u>Bleib beweglich und fit ohne Geräte!</u>

Leichte Zimmergymnastik für jedes Alter – mit 45 neuen Fotos. Autor*innen: Schreber, Moritz. Dieses Buch hilft die für die Körperausbildung, Erhaltung der Gesundheit und Beweglichkeit bis ins hohe Alter anerkannt wichtige individualisierte ...

<u>Chronologie der exakten Wissenschaften</u>

4000 Jahre Pionier-Arbeit. Autor: Darmstaedter, Ludwig. Die Chronologie der Exakten Wissenschaften umfasst die Entwicklung der empirischen und systematischen Erforschung der Natur von der Frühgeschichte bis zum Wechsel ins zwanzigste Jahrhundert. Das menschliche Erkennen ...

BUCHTIPPS

Das Gesetz im Zufall

und wie der Zufall zu Entdeckungen führt. Autor: Cantor, Moritz. Was ist denn der Zufall? Ist der Eintritt eines Ereignisses Zufall, wenn es genauso gut auch hätte ausbleiben können? Und wenn ein ...

Das individuelle Ich

Über das Selbstbewusstsein. Autor: Lipps, Theodor. Was ist das Wesen meines Selbstbewusstseins und was meine ich, wenn ich „Ich" sage? Was ist der Kern von diesem meinem Ich? Und wie hängt mein ...

Das Konzept des Guten

Untertitel: Sinnliches Empfinden – Der Ursprung unserer Wertvorstellungen. Hrsg.: Sedlacek, Klaus-Dieter (Hrsg.) Das Konzept des Guten wird im sinnlichen Empfinden (sehen, hören, tasten) des Menschen begründet. Der Intellekt ist aber trotzdem ein ...

Das Leben jenseits des Todes

Und die Lehre von der Reinkarnation. Autor: Ramacharaka, Yogi. Das, was wir Tod nennen, ist nur die andere Seite des Lebens. Für entwickelte Esoteriker ist die andere Seite kein unerforschtes Meer, sondern ...

Das Leben von Buddha und seine Lehren

Kompakte Einführung. Autor: Olcott, Henry Steel. Olcotts unermüdlicher Einsatz, seine organisatorischen Fähigkeiten und nicht zuletzt auch seine finanzielle Potenz trugen wesentlich zur Expansion des Buddismus über die ganze Welt bei. Der Buddhismus ...

Das transzendentale Gesicht der Welt

Der Zusammenhang zwischen Physis und Psyche. Autor: Valier, Max. In dem Buch „Das transzendentale Gesicht der Welt" geht es um eine bisher unbekannte Wellengattung, die psychophysische Welle, welche eine Verbindung der physischen ...

Der Alchemist Leonhard Thurneysser

Die Lebensgeschichte des Goldmachers von Berlin. Autor: Sedlacek, Klaus-Dieter (Hrsg.) . Der im Jahr 1531 geborene Leonhard Thurneysser erlernte als Sohn eines Goldschmieds in Basel die Kunst seines Vaters, übernahm aber bald ...

Der allmächtige Informatiker

Das Mysterium des Universums. Autor: Jeans, Sir James. Die englische Ausgabe dieses Buchs mit dem Originaltitel „The Mysterious Universe" ist als populäres Wissenschaftsbuch des britischen Astrophysikers Sir James Jeans zuerst von ...

Der erdgeschichtliche Klimawandel

Den wahren Ursachen von Klimaschwankungen auf der Spur. Autor: Wilhelm Bölsche , Klaus-Dieter Sedlacek (Hrsg.). Der Klimazustand während der letzten Jahrhunderttausende ist im Wesentlichen auf den Einfluss von Sonneneinstrahlung zurückzuführen, die ...

Der geschichtliche Jesus

Was wissen wir von ihm? Autor: Hertlein, Eduard. Vorwort: Mit der gegenwärtigen Veröffentlichung komme ich einem mehrfach geäußerten Wunsch von Hörern eines Vortrags nach, den ich in Stuttgart gehalten habe. Ich möchte indessen ...

Der Mensch der Vorzeit

Die Geschichte des Menschen im Diluvium – kurz und prägnant. Autor: Bölsche, Wilhelm. Höhlenmalereien und Knochenfunde erinnern uns an eine große wahre Geschichte, die zu den anregendsten Abenteuern unserer modernen Kulturwissenschaft gehört: ...

Der Spiritismus

In Neusatz und aktueller Rechtschreibung. Autor: du Prel, Carl. Der Spiritismus ist ohne Zweifel die paradoxeste aller Wissenschaften und er wird es wohl noch lange bleiben. Das liegt offenbar nur daran, dass ...

Der Stein der Weisen

Geschichte der Chemie. Autor: Ostwald, Wilhelm. Der visionäre Nobelpreisträger Wilhelm Ostwald, der den Übergang zur modernen wissenschaftlichen Chemie mitgestaltete, erzählt die aufregende Entwicklung seines Fachbereichs. Das Buch schließt mit einem Text über ...

Der verborgene Mechanismus des Weltgeschehens

Neue Erkenntnisse über die Gestalten biotechnischer Systeme der Welt. Autor: Francé, Raoul H. Seit Jahrtausenden ist die Menschheit bestrebt, die Welt, in der sie lebt, erkennen und verstehen zu lernen. Die Erfahrung ...

Der Weg zu Wohlstand und Reichtum

Goldene Regeln für den Aufbau einer selbstständigen Existenz. Autor: Barnum, P. T. Der Weg zum Reichtum ist, wie einer der Gründerväter der Vereinigten Staaten sagt, „so klar wie der Weg zur Mühle". ...

Die Eroberung von Mexiko durch Ferdinand Cortes

Mit den eigenhändigen Berichten des Feldherrn an Kaiser Karl V. von 1520 und 1522. Autor: Schurig, Arthur. Die spanische Eroberung Mexikos unter Hernán Cortés in den Jahren von 1519 bis 1521 führte ...

Die ersten Spuren psychischer Erscheinungen

Das psychische Leben von Mikroorganismen – Eine Studie in experimenteller Psychologie. Autor: Binet, Alfred. Es gibt mikroskopisch winzige Lebewesen, die kein Gehirn haben und dennoch so etwas wie ein Gedächtnis. Diesen Lebewesen ...

Die geheimnisvolle Kultur der alten Kelten

Von Druiden, Fürstensitzen und der Lebensart unserer frühgeschichtlichen Vorfahren. Autor: Grupp, Georg Die Kelten zeichneten sich aus durch hohes handwerkliches Können, Handelsbeziehungen bis in den Süden Europas und tollkühnem Mut, der den ...

BUCHTIPPS

Die Grenze des Unbekannten

Verbindungen zum Jenseits. Autor: Doyle, Arthur Conan. Doyle beschäftigte sich in seinem letzten Lebensabschnitt intensiv mit dem so genannten „Spiritismus". Die Beiträge in diesem Buch beziehen sich auf dieses Thema, und es ...

Die Grundlagen der Nationalökonomie

Über die lebensnahe soziale Marktwirtschaft. Autor: Eucken, Walter. Der Autor Eucken gilt als Vordenker der Sozialen Marktwirtschaft. Sein wohl wichtigstes Werk Grundlagen der Nationalökonomie veröffentlichte Eucken 1939, in dem er folgende Ansichten ...

Die Höhlenkinder – Trilogie

Bd. 1 Im heimlichen Grund, Bd. 2 Im Pfahlbau, Bd. 3 Im Steinhaus Autor: Sonnleitner, Alois Theodor Die dreiteilige Erzählung beginnt nach dem Dreißigjährigen Krieg. Das Waisenkind Eva lebt bei seiner Großmutter, ...

Die Hypnose und die Hypno-Narkose

Für Medizin-Studierende, Praktische und Fachärzte. Autor: Friedländer, Adolf Albrecht. Die Hypnose ist ein auf künstlichem Weg herbeigeführter Schlafzustand. Einen solchen kann man auch durch Medikamente erzeugen. Gelingt es ohne Medikamente, hat das ...

Die idealistischen Grundwerte unserer Kultur

Wahre Menschlichkeit. Autor: Verweyen, Johannes M. Seit den Tagen des Sokrates, der nach einem aristotelischen Wort „die Philosophie vom Himmel auf die Erde" holte, zieht sich bis in die Gegenwart eine Kette ...

Die Kultur der Azteken

Mit einem Anhang Große Landesausstellung Baden-Württemberg „Azteken" im Lindenmuseum. Autor: Prescott, William. „Von dem ganzen ausgedehnten Reich, das einst die Herrschaft Spaniens in der Neuen Welt anerkannte, ist kein Teil an Wichtigkeit ...

Die Lebensbotschaft

Außergewöhnliche Argumente für das Leben danach. Autor: Doyle, Arthur Conan. In der „neuen Offenbarung" wurde die erste Morgendämmerung des kommenden Wandels beschrieben. In deren Botschaft ist die Sonne höher aufgegangen, und man ...

Die Lebenskraft

Wie Enzyme, Bewusstsein und quantenbiologische Effekte das Leben regulieren. Autoren: Sedlacek, Klaus-Dieter; Wrobel, Norbert. Der Begründer der Quantenmechanik und Nobelpreisträger Erwin Schrödinger beschäftigte sich unter anderem mit der Frage: „Was ist Leben?" ...

Die letzten Ursachen

Das Buch der Naturerkenntnis. Hrsg.: Sedlacek, Klaus-Dieter. Die klassischen physikalischen Theorien, zum Beispiel die klassische Mechanik oder die Elektrodynamik, haben eine klare Interpretation. Den Symbolen der Theorie wie Ort, Geschwindigkeit, Kraft beziehungsweise ...

Die Natur psycho-physikalischer Phänomene

Materialisations-Experimente mit M. Franek-Kluski. Autor*innen: Sedlacek, Klaus-Dieter; Schrenck-Notzing, A. Freiherrn von. Die vorliegende Schrift beschäftigt sich mit speziellen physikalischen Phänomenen, nämlich der durch Versuchspersonen verursachten Materialisation von Objekten. Das tatsächliche Vorkommen dieser ...

Die Psychoanalyse des Organischen

Sechs Vorträge und Aufsätze vom Wegbereiter der Psychosomatik. Autor: Georg Groddeck , Klaus-Dieter Sedlacek (Hrsg.) Den publizistischen Anfang zur Psychosomatik machte Georg Groddeck 1917 mit der Broschüre Psychische Bedingtheit und psychoanalytische ...

Die Transzendenz der Realität

Spuren einer allumfassenden transzendenten Realität jenseits von Raum und Zeit. Autor: Klaus-Dieter Sedlacek. Der Nobelpreisträger Max Planck war einer der Pioniere der Quantenphysik und deshalb nicht verdächtig einem esoterischen Weltbild anzuhängen. Er ...

Die Uhren

Ein Abriß der Geschichte der Zeitmessung. Autor: Kindler, P. Fintan. Die Worte der Genesis: „Es wurde Abend und es wurde Morgen, ein Tag", geben uns einen Fingerzeig über das zuerst angewandte Zeitmaß: ...

Die unbekannte Seele

Alltagsrätsel des Seelenlebens. Autor: Driesch, Hans. Es geht in dem Buch um sehr Grundlegendes. Gewiss wird der Leser auch mit Normalem zu tun haben, sogar mit sehr Alltäglichem. Aber das Normale bietet ...

Die Urzeit der Menschheit

Vom ersten Feuer bis zur Pfahlbauzeit. Autor: Neumann, Carl W. Seit Anbeginn seiner Tage war der Mensch keineswegs der stolze Beherrscher der Natur, als den er sich heute mit Recht betrachtet. Er ...

Die verborgene Ordnung des Weltsystems

Neue Erkenntnisse über die schöpferischen Kräfte der Natur. Autor: Francé, Raoul Heinrich. Wie zeigt sich die verborgene Ordnung des Weltsystems? Woher kommt die Erfindungskraft, die den Wohlstand bei uns sichert? Ist sie ...

Die vierte Dimension

Und ihre Anwendungen – Eine Theorie des Überlebensmechanismus. Autor: Carington, Walter Whately. Whately Carrington, ein prominenter Erforscher des Paranormalen aus dem frühen 20. Jahrhundert nimmt sich seltsamer und wunderbarer Themen an und ...

BUCHTIPPS

Die Wildnis ruft

Auf Safari in Ostafrika Autor: Heye, Artur Ende April des Jahres 1913 stieg der Autor Heye in Nairobi aus dem Zug der Urgandabahn, der damals zweimal in der Woche von Kisumu am ...

Durchblick Chemie

Praktische Grundlagen und Einführung in die anorganische, organische und Biochemie Klaus-Dieter Sedlacek, Lassar Cohn, Walther Löb Wollen Sie in unserer modernen Welt mitreden? Dann brauchen Sie den Durchblick! Dazu gehören auch Grundkenntnisse ...

Eine unerschrockene Frau reist um die Welt

Drei Bände in Neusatz und neuer Rechtschreibung. Autorin: Pfeiffer, Id. Zu ihrer Weltreise brach Ida Pfeiffer im Mai 1846 auf, über Hamburg gelangte sie nach Rio de Janeiro. In Brasilien entkam sie ...

Einfach logisch denken!

Oder die Gesetze des Denkens. Autor: Atkinson, Wilhelm Walker In diesem Buch werden die Methoden und Prinzipien der korrekten Anwendung des Denkvermögens aufgezeigt, und zwar auf eine einfache und klare Weise, ohne ...

Einsteins Relativitätstheorie ganz ohne Mathematik

Spezielle und allgemeine Relativitätstheorie Paul Kirchberger , Klaus-Dieter Sedlacek (Hrsg.) Man wird nicht selten gefragt, ob man eine Schrift wisse, die in die Einsteinsche Theorie für Laien so einführen könne, dass ...

Emergenz

Strukturen der Selbstorganisation in Natur und Technik. Hrsg.: Sedlacek, Klaus-Dieter. Das Universum erschien bis ins 19. Jahrhundert wie ein ablaufendes mechanisches Uhrwerk. Der Schock kam im frühen 20. Jahrhundert mit dem Aufkommen ...

Epigenetik-Experimente

Neuvererbung oder Beweise für die Vererbung erworbener Eigenschaften? Autor: Kammerer, Paul Der Biologe Paul Kammerer wurde durch seine Aufsehen erregenden Experimente zur Epigenetik berühmt. In einer seiner Versuchsserien verwendete er zwei Arten ...

Erwägungen zur Repräsentativ-Regierungsform

Neuübersetzung und Neusatz in Antiqua. Autor: Mill, John Stuart. Mills Hauptwerk zur politischen Demokratie, Erwägungen zur Repräsentativ-Regierungsform (Considerations on Representative Government), verteidigt zwei Grundprinzipien: die umfassende Beteiligung der Bürger und die aufgeklärte ...

Expeditionen zur Eroberung der Antarktis

Eine dramatische Entdeckungsgeschichte. Autor: Sedlacek, Klaus-Dieter (Hrsg.). Auf dem 6. Internationalen Geographischen Kongress 1895 in London verabschiedete man folgende Resolution: „Dieser Kongress ist der Meinung, dass die Erkundung der Antarktisregionen das größte ...

Feuer und Schwert im Sudan

Meine Kämpfe, Gefangenschaft und Flucht. Autor: Slatin Pascha, Rudolph. Wenn nicht kürzlich über vergleichbare Vorgänge berichtet worden wäre, könnte man sagen, dass die Berichte des damaligen Oberst im ägyptischen Generalstab völlig überholt ...

Freizeitvergnügen Sternenhimmel mit bloßem Auge

Wie man Sternbilder auffindet ohne Instrumente. Autor: Kirchberger, Paul. Der Anblick des gestirnten Himmels ist das Größte, das uns die Natur zu bieten vermag, und kein empfängliches Gemüt kann sich seinem Eindruck ...

Gebundener Wille

Das Problem der Willensfreiheit. Autor: Lipps, Gottlob Friedrich. Auf der Basis der philosophischen Darstellung der Gebundenheit des Willens von Gottlob Friedrich Lipps entwickelt der Autor und Herausgeber eine naturwissenschaftliche Theorie, welche unter ...

Gedanken sind Dinge

Ausgewählte Beiträge aus der Bibliothek des Weißen Kreuzes. Autor: Mulford, Prentice. Der menschliche Gedanke ist ein echtes Element, eine echte Kraft, die wie Elektrizität aus dem Geist eines jeden Mannes oder einer ...

Gefangen zwischen Eisschollen

Die Eroberung der Antarktis und des Südpols. Autor*innen: Sedlacek, Klaus-Dieter (Hrsg.) Dieses Buch erzählt und dokumentiert mit legendären Fotos, wie es unter dramatischen Umständen den Forschern Scott, Amundsen, Shackleton oder Byrd und ...

Geister, die ich gesehen habe

und andere übersinnliche Erfahrungen. Autor: Tweedale, Violet. Das Buch ist zweifacher Natur. Einerseits gibt die Autorin Berichte wieder, die unter anderem von ihren zahlreichen Freunden und Bekannten aus der Oberschicht stammen und ...

Geld vernünftig ausgeben

Über die richtige Art von Sparsamkeit Autor: Marden, Orison Swett Im Inhalt behandelte Punkte: – Wirtschaft ist keine Schikane, sondern das planvolle Handeln zur Befriedigung von Bedürfnissen. – Kapital ist der kleine Unterschied zwischen ...

Geschichte der Magie

Buch 1 bis 7 komplett – Mit den Verfahren, Riten und Myterien. Autor: Lévi, Eliphas. Die „Geschichte der Magie" von Eliphas Lèvi ist eine wunderbare Vorlage für spirituelle Sucher. Es beeinflusste bereits ...

Gestalt-Psychologie

Einführung in die neue Psychologie vom Begründer der Gestaltpsychologie Kurt Koffka , Klaus-Dieter

BUCHTIPPS

Sedlacek (Hrsg.) Kurt Koffka hat als forschender Psychologe für dieses Buch zur Einführung in die Psychologie einen besonderen ...

<u>Giganten der Physik</u>

Die Top10-Physiker der Menschheitsgeschichte. Hrsg.: Sedlacek, Klaus-Dieter (Hrsg.). Den meisten Menschen sind Schöpfer von Kunst und Literatur vertraut, sie kennen unsere Staatslenker und Wirtschaftsführer, doch wer kennt die Giganten der Physik und ...

<u>Giordano Bruno</u>

Seine Lebensgeschichte. Autor: Riehl, Alois. Giordano Bruno war ein italienischer Priester, Dichter, Philosoph und Astronom. Er wurde durch die Inquisition der Ketzerei für schuldig befunden und zum Tode verurteilt. Bruno postulierte die ...

<u>Göttinnen der Schönheit</u>

Die elegante Frau vom 18. bis ins 20. Jahrhundert. Autorin: Aretz, Gertrude. Die Kunst und die Lust zu gefallen, anzuziehen und mit besonderer Betonung aller Reize zu verführen, sind in der Geschichte ...

<u>Handbuch Klima und Klima-Änderungen</u>

Allgemeine Klimalehre. Autor: Hann, Dr. Julius. Die Allgemeine Klimalehre erforscht und lehrt die Gesetzmäßigkeiten des Klimas, also des durchschnittlichen Zustandes der Atmosphäre an einem Ort sowie der darin wirksamen Prozesse. Klimatologische Erkenntnisse ...

<u>Homöopathie und Praxis</u>

Naturheilkundliche alternative Medizin für den mündigen Patienten. Autor: Voorhoeve, Jacob. Der Zweck des Buches ist es, den Leser mit der homöopathischen Heilweise näher bekannt zu machen. Unter Wahrung des wissenschaftlichen Charakters gibt ...

<u>Im Banne der Südsee</u>

Als Frau allein unter Menschenfressern, Sträflingen und Matrosen. Autorin: Karlin, Alma M. Die Journalistin Alma Maximiliane Karlin wurde vor allem bekannt durch ihre kurz nach dem Ersten Weltkrieg unternommene mehrjährige Weltreise und ...

<u>Im dunkelsten Afrika</u>

Die legendäre Emin-Pascha Expedition. Autor: Stanley, Henry M. Im Sudan, der ab 1821 unter die Herrschaft der osmanischen Vizekönige von Ägypten gekommen war, brach 1881 der Mahdiaufstand aus. Nach dem Abzug der ...

<u>Immortal Consciousness</u>

Space-time Phenomena Evidence And Visions. Author: Sedlacek, Klaus-Dieter. Thirty-five top-class scientists have a vision. They meet in seclusion and want to learn about the immortality of consciousness and the meaning of life. ...

<u>Ist echte Erkenntnis möglich?</u>

Einführung in die Erkenntnistheorie. Autor: Becher, Erich. Die Erkenntnistheorie ist als besonderes Gebiet der Philosophie die philosophische Grundwissenschaft, die aller Spekulation und aller Wissenschaft vorangehen muss. Diese Einführung hilft dabei, echte Erkenntnis ...

<u>Jenseits der Erscheinungen</u>

Erkennbarkeit und Realität der Quantennatur. Autor: Schlick, Moritz. Es ist kein Zweifel, dass echte Erkenntnis der transzendenten Welt sehr wohl möglich ist. Die Wendung, zu der die Physik der letzten Jahre bzw. Jahrzehnte ...

<u>Ketzer</u>

Warum ich nichts für Ketzerei übrig habe. Autor: Chesterton, Gilbert K. „Ketzer" ist eine Sammlung von 20 Beiträgen von G. K. Chesterton. Während die Kapitel von „Ketzer" sich auf bekannte Persönlichkeiten beziehen, ...

<u>Kleines Wörterbuch der Natur-Philosophie</u>

1200 Begriffe, die man kennen sollte, kurz und prägnant. Herausgeber: Sedlacek, Klaus-Dieter. „Ein neues Wörterbuch der Natur-Philosophie? Wozu soll das gut sein? Schließlich gibt es doch ein riesiges, umfangreiches Internetlexikon in aller ...

<u>Kometenfurcht</u>

Komet und Weltuntergang: Die Gefahr aus dem All. Autor: Bölsche, Wilhel. Als 2006 der erdbahnkreuzende Komet 73P/Schwassmann-Wachmann 3 in einige Stücke zerbrach, war dies der Bild-Zeitung einen schaurigen Bericht unter dem Titel ...

<u>Kompakte Einführung in die Erkenntnistheorie</u>

Das Wesen der Wahrheit. Autor: Becher, Erich. Die Frage nach der Wahrheit und ihrer Sicherung liegt dem nach Erkenntnis strebenden Menschen besonders am Herzen, und so suchte man, wenn man nach Ursprüngen, ...

<u>Kultur erleben mit dem Wohnmobil in Frankreich</u>

Vierzig kulturelle Highlights, Park- und Übernachtungsplätze sowie Navigations-Koordinaten Klaus-Dieter Sedlacek (Hrsg.) Dieser Wohnmobilführer ist anders. Er hilft uns, Kulturerlebnisse zu einem Genuss werden zu lassen. Er enthält die Beschreibung von vierzig kulturellen ...

<u>Kulturgeschichte Afrikas</u>

Mit 164 Bildtafeln und 181 Figuren im Text. Autor: Frobenius, Leo. Mit gigantischer und wachsender Macht, in bisher ungeahnter Großartigkeit erscheint das Gebäude der afrikanischen Kulturgeschichte demjenigen, der näher hinschaut. Noch hält ...

BUCHTIPPS

Lad, geliebter Hund

Die Abenteuer des Collie Lad. Autor: Terhune, Albert Payson. Der Roman besteht aus zwölf Hunde-Abenteuern, die auf dem Leben des von Terhunes Rough Collie Lad basieren, der in seinem wirklichen Leben existierte. Die ...

Leben aus Quantenstaub

Elementare Information und reiner Zufall im Nichts als Bausteine einer 4-dimensionalen Quanten-Welt. Autoren: Wrobel, Norbert; Sedlacek, Klaus-Dieter. Obwohl bereits vor mehr als hundert Jahren die Quantenphysik Gestalt annahm, setzte sich im Menschenbild ...

Leben in der Warmzeit der Erde

Aus den Urtagen vor dem heutigen Klimawandel Wilhelm Bölsche , Klaus-Dieter Sedlacek (Hrsg.) Der Weltklimarat schlägt Alarm. Die Lage spitzt sich zu: Die Erde erwärmt sich immer mehr. In diesem Buch geht ...

Leben nach dem Leben

Die Befreiung des Bewusstseins von den Fesseln der Zeit Klaus-Dieter Sedlacek Für uns Menschen hat die Frage nach dem zeitlichen Ende unserer Existenz eine hohe Bedeutung. Die Antwort, die der Glaube sucht, ...

Leben wir in einer Simulation?

Über die Gründe unseres Glaubens an die Realität der Außenwelt Autor: Eduard Zeller Wenn wir in einer Computersimulation leben würden, dann simuliert der Computer eine Virtuelle Realität, einschließlich passender Antworten auf den ...

Leonardo da Vinci

Seine naturwissenschaftlichen Studien und genialen Erfindungen Hermann Grothe , Klaus-Dieter Sedlacek (Hrsg.) Leonardo da Vinci versuchte, ein Phänomen zu verstehen, indem er es genau beobachtete und bis ins kleinste Detail beschrieb ...

Liebesbeziehungen und deren Störungen

Lebensführung nach den Grundsätzen der Individualpsychologie. Autor: Alfred Adler , Klaus-Dieter Sedlacek (Hrsg.). Um einen Menschen ganz kennenzulernen, ist es notwendig, ihn auch in seinen Liebesbeziehungen zu verstehen ... Wir müssen ...

Losgesagt von Rom

Handeln und Empfinden einer verschworenen Gemeinschaft. Autor: Ohorn, Anton. Die Aufstellung des Dogmas der päpstlichen Unfehlbarkeit in Rom war ein Ereignis, welches die Gemüter der ganzen gebildeten Welt bewegte und die Herzen ...

Marco Polo

In zwei Welten Bd. 1 und Bd. 2 Autor: Colerus, Egmont Mit seinem zweibändigen Marco-Polo-Roman In Zwei Welten gelang Colerus der große Wurf. Es ist stilistisch eines seiner reifsten Werke. Der geschichtliche Marco ...

Massenpsychologie am Beispiel Jan Bockelsons

Geschichte eines Massenwahns mit einer Einführung von Sigmund Freud Friedrich Reck-Malleczewen , Klaus-Dieter Sedlacek (Hrsg.) Der Begriff Massenhysterie oder auch Massenwahn bezeichnet eine starke emotionale Erregung in großen Menschenmengen. Auch massenhaft ...

Mathe ganz einfach

Elementare Arithmetik und Algebra. Autor: Schubert, Hermann. Der vorliegende Band „Mathe ganz einfach" enthält die elementare Arithmetik und Algebra in ihren Grundzügen mit Einschluss der quadratischen Gleichungen und der Rechnungsarten dritter Stufe. ...

Mein Leben im Tropenparadies

Fünfundzwanzig Jahre in Ceylon – Erlebnisse und Abenteuer. Autor: Hagenbeck, John. Ein Mann des praktischen Lebens und ein Mann der Feder haben sich zusammengetan, um gemeinschaftlich in diesem Buch die Naturwunder und ...

Meine erste Weltumseglung

Tagebuch einer epochalen Expedition James Cook , Klaus-Dieter Sedlacek (Hrsg.) James Cook unternahm seine erste Weltumseglung im Rahmen einer wissenschaftlichen Expedition, um den Durchgang des Planeten Venus vor der Sonnenscheibe – ...

Memoiren der Comtesse Du Barry

Mit minutiösen Details über ihre gesamte Karriere als Favoritin von Louis XV. Autor: Lamothe-Langon, Etienne Leon. Die Bürgerliche Jeanne Bécu (1743 – 1793), arbeitete unter dem Namen Mademoiselle Lange zunächst im Etablissement ...

Mit der Beagle um die Welt

Bericht meiner Forschungsreise zum Galapagos-Archipel Charles Darwin , Klaus-Dieter Sedlacek (Hrsg.) Auszug aus Darwins Reisebericht: Ich habe die Reise mit zu tief empfundenem Entzücken gemacht, als dass ich nicht jedem Naturforscher empfehlen ...

Moderne Magie

Überlieferungen und Berichte unerklärlicher Phänomene weltweit. Autor: Schele De Vere, Maximilian. Das Buch „Moderne Magie" enthält eine Fülle von Berichten sowie eine umfangreichen Bibliographie der Überlieferungen und Berichte unerklärlicher Phänomene weltweit. Es ...

Mythen und Legenden der griechischen und römischen Antike

Ein Handbuch der Mythologie. Autor: Berens, E.M. „Es ist kaum nötig, auf die Bedeutung der Kenntnis der Mythologie einzugehen: unsere Gedichte, unsere

BUCHTIPPS

Romane und sogar unsere Tageszeitungen wimmeln von klassischen Anspielungen; noch ...

Naturphilosophie

und Naturwissenschaft. Autoren: Sedlacek, Klaus-Dieter; Schlick, Moritz. Es die Aufgabe der Naturphilosophie, für das Gebiet der naturwissenschaftlichen Erkenntnis einen wesentlichen Beitrag zu leisten. Es sind jene Fragen, die auf die Klärung oberster ...

Naturphilosophie und Naturwissenschaft

Das Wesen der Naturgesetze. Autor: Schlick, Moritz. Die Naturphilosophie verhält sich zur Naturwissenschaft wie die Philosophie im Allgemeinen zur Wissenschaft überhaupt. So ist es die Aufgabe der Naturphilosophie, für das Gebiet der ...

Neue praktische Menschenkenntnis

Menschen richtig behandeln Autor: Verweyen, Johannes Maria Wer ist dieser Einzelmensch? Welches sind die Grundzüge seines seelischen und geistigen Wesens, seine Anlagen, Begabungen und Neigungen, seine Bestrebungen im positiven und negativen Sinne, ...

Optische Täuschungen

... und Illusionen, sowie ihre Ursachen. Autor: Reuss, August von . Optische Täuschungen bzw. Illusionen können nahezu alle Aspekte des Sehens betreffen. Es gibt Illusionen aller Art, Lichtblitze, Farbreize, Tiefenillusionen, geometrische Illusionen, ...

Peking – Paris im Automobil

Die legendäre 16.000 km – Rallye 1907. Autor: Barzini, Luigi. „Gibt es jemanden, der diesen Sommer eine Fahrt per Automobil von Peking nach Paris unternehmen wird?", fragte die Pariser Zeitung Le Matin ...

Persönliche Anziehungskraft und psychische Beeinflussung

15 Lektionen zum Thema Gedankenkraft, Konzentration und Willenskraft. Autor: Atkinson, William Walker. Das, was wir als persönlicher Anziehungskraft bezeichnen, ist der subtile Strom von Gedankenwellen oder Gedankenschwingungen, die vom menschlichen Geist ausgestrahlt ...

Persönlichkeit und Unsterblichkeit

In welcher Form existiert ein Weiterleben nach dem zeitlichen Ende? Autor*innen: Ostwald, Wilhelm. Das hier veröffentlichte Buch ist die deutsche Übersetzung eines Vortrages, den der Nobelpreisträger Wilhelm Ostwald an der Harvard-Universität in ...

Phänomen Naturgesetze

Das Geheimnis hinter den Erscheinungen der Welt. Autor: Sedlacek, Klaus-Dieter (Hrsg.). Was uns an den beinahe mythischen Denkern der antiken Welt so fasziniert, ist die wundervolle, abgeschlossene Einheit ihres Weltbildes. Mit welcher ...

Plötzlich gesund

Medizinische Wunder und was dahinter steckt. Autor: Liek, Erwin. Man schätzt die Zahl der Menschen, die der Schulmedizin kein Vertrauen schenken, auf immerhin 50 Prozent. Wie kann es sein, daß Kurpfuscher immer wieder ...

Praktische Agitation

Prinzipien politischen Handelns. Autor: Chapman, John Jay. Die Fäden der Vorurteile und der Leidenschaft, die die Menschen miteinander verbinden, pulsieren mit Leben. All diese Mitbürger sind menschliche Wesen, und es gibt keinen ...

Praktisches Gedankenlesen

Ein Kurs mit praktischer Unterweisung zur Gedankenübertragung. Autor: William Walker, Atkinson. Fast jeder hat in seinem Leben schon einmal Erfahrungen mit Gedankenlesen oder Gedankenübertragung gemacht. Fast jeder hat die Erfahrung gemacht, dass ...

Psychologische Verkaufskunst

Denk- und Handlungsweisen, Vorgangsweise und Abschluss. Autor: Atkinson, Wilhelm Walker. In der Psychologie der Verkaufskunst gibt es zwei wichtige Elemente, nämlich (1) Die Psyche des Verkäufers; und (2) die Psyche des Käufers. Das zu verkaufende ...

Quantenbewusstsein

Natürliche Grundlagen einer Theorie des evolutiven Quantenbewusstseins. Autoren: Wrobel, Norbert; Sedlacek, Klaus-Dieter. Seltsam sind die physikalischen Gesetze, die unsere Welt wirklich beherrschen: Es sind die Gesetze einer makroskopischen Quantenwelt, in der alles ...

Quantentheorie

Eine kurze und prägnante Einführung. Autor: Kirchberger, Dr. Paul. Form und Inhalt des vorliegenden Bändchens bestimmen sich dadurch, das es eine in sich abgerundete und verständliche Darstellung seines Gegenstandes sein will. Von ...

Real Life After Life

The liberation of consciousness from the shackles of time. Autor: Sedlacek, Klaus-Dieter. For us humans the question of the temporal end of our existence is of great importance. The answer that faith ...

So aktivierst du unbekannte Gedankenkräfte

Geistige Lebensgesetze und seelische Welten. Autor: Peters, Emil. Nur wer seinen Gedanken gebieten kann, gebietet auch dem äußeren Leben. Denn unsere Gedanken sind unser Leben. So wird der planvoll Denkende überall der Überlegene ...

BUCHTIPPS

Sree Krishna, der Herr der Liebe

Der Hinduismus von einem Guru erklärt. Autor: Premanand Bharati, Baba. Wie kommt es, dass jeder Mann, jede Frau und jedes Kind jede Minute auf der Suche nach dem einen oder anderen Glück ...

Strahlende Kräfte durch positives Denken

Wege zum Glück. Autor*innen: Peters, Emil. Aus dem Inhalt: – Die Macht deiner Gedanken – Die Heilkraft der Seele und des Willens – Von den geistigen Verbindungen der Menschen – Beherrsche dein Leben und dein Schicksal – ...

Supervereinigung

Wie aus nichts alles entsteht. Ansatz einer großen einheitlichen Feldtheorie. – Neuausgabe -. Autor: Sedlacek, Klaus-Dieter. Unter Physikern herrscht allgemein Übereinstimmung darin, dass die fundamentale Wirklichkeit unserer Welt aus Feldern besteht. Bei ...

Technik in der Antike

Die erstaunlichsten Errungenschaften der antiken Technik. Autor: Diels, Hermann. Die antiken Mechaniker hatten erfolgreich die Grundlagen einer neuen Wissenschaft gelegt, die erst in der Neuzeit übertroffen wurde. Weniges war allerdings neu: Hebel ...

The great god Pan / Der große Gott Pan – zweisprachig

Horror story English – German / Horror Geschichte Englisch – Deutsch. Autor: Machen, Arthur. The Great God Pan is a horror and fantasy novel by the Welsh writer Arthur Machen. Machen was ...

The nature of the physical world

The Gifford Lectures 1927 Sir Arthur Eddington , Klaus-Dieter Sedlacek (Hrsg.) In these lectures the author Eddington discusses some of the results of modern study of the physical world which give ...

The Philosophy of Physical Science

TARNER LECTURES 1938 – CAMBRIDGE Sir Arthur Eddington , Klaus-Dieter Sedlacek (Hrsg.) It is often said that there is no „philosophy of science“, but only the philosophies of certain scientists. But ...

Treibhauseffekt und Klimawandel

Energiewende, ja bitte, aber nicht wegen CO2. Von Sedlacek, Klaus-Dieter (Hrsg.) Dieses Buch dokumentiert zum Thema Klimawandel und CO2 teils unbequeme wissenschaftliche Fakten bzw. Meldungen und die dazugehörigen Quellen. Sie sind eingeladen, ...

Über die Freiheit

Neuübersetzung und Neusatz in Antiqua. Autor: Mill, John Stuart. Mill vertrat die Ansicht, dass der Einzelne frei sein sollte, das zu tun, was er will, solange er anderen keinen Schaden zufügt. Er ...

Über die Gewissheit von Vorhersagen

Wahrscheinlichkeiten abschätzen. Autor*innen: Sedlacek, Klaus-Dieter (Hrsg.) Dieses Buch hilft, Wahrscheinlichkeiten besser beurteilen zu können. Zum Inhalt: – Wie einfache Überlegungen zu den Grundprinzipien von Vorhersagen führen – Die Klassenlotterie – Die Grundlage der Lebensversicherung – Können ...

Über Menschenaffen, Tierseele und Menschenseele

und Früchte vom Baum der Erkenntnis Autor: Bölsche, Wilhelm Wir sind dem wahren Geheimnis der Menschwerdung noch nie so nahe gewesen, als der Psychologe Wolfgang Köhler in dem kleinen Schimpansenparadies von Teneriffa ...

Unsterbliches Bewusstsein

Raumzeit-Phänomene, Beweise und Visionen – Taschenbuchausgabe Klaus-Dieter Sedlacek In diesem Buch geht es weder um Glauben noch um Esoterik, sondern um Beweise. Glaubwürdige, wissenschaftliche Beweise, die in eine Form gepackt sind, dass ...

Vereinbarkeit von Religion und Naturwissenschaft

Lösung des Zwiespalts zwischen Wissen und Glauben. Autor: Laßwitz, Kurd. Religion ist offensichtlich das Gefühl des Vertrauens auf eine unendliche Macht. Dagegen ist die Natur nicht ein Gefühl, sondern eine Realität. Diese ...

Vom Einmaleins zum Integral

Mathematik für Jedermann. Autor: Colerus, Egmont Colerus nimmt die dankenswerte, aber auch schwierige Aufgabe auf sich, Freunde und Feinde der Mathematik zu versöhnen. Es gibt eine große Anzahl Menschen, die sich konstitutionell ...

Vom Jenseits der Seele

Die Geheimwissenschaften in kritischer Betrachtung. Autor: Dessoir, Max. „Es mag der ... Psychologie unendlich schwer fallen, in Gebiete sich zu dehnen, die verständlich werden nur vom Standpunkt eines wirklichen Transzendent-Seelischen, eines von ...

Von Pythagoras bis Hilbert

Geschichte der Mathematik für jedermann. Autor: Colerus, Egmont. Colerus ist der berufene Autor, der die Epochen der Mathematik darzustellen vermag. Nur er hat die Gabe, wissenschaftliche Dinge so darzustellen, dass sie jedermann ...

Wahrscheinlichkeitsrechnung

Autor: Markoff, A. A. In diesem Buch entwickelt der Autor die Wahrscheinlichkeitsrechnung als eine mathematische Disziplin, ohne sich mit ausführlicher Betrachtung ihrer mehr oder weniger wichtigen Anwendungen zu befassen. Ohne lange Erwägungen ...

Warum wir lachen

Essays über die Bedeutung des Komischen. Autor: Bergson, Henri. In diesem großartigen philosophischen

BUCHTIPPS

Essay, der zu Beginn des 20. Jahrhunderts geschrieben wurde, stellt Henri Bergson die Frage, warum die Menschen lachen und ...

Was sind Wirklichkeiten?

Aufgedeckte Naturgeheimnisse. Autor: Laßwitz, Kurd. In diesem Buch nimmt der Autor Stellung zu Fragen folgender Art: Lässt uns die Natur in ihre Werkstatt blicken? Wie hängen Bewusstsein und Natur zusammen? Was ist ...

Wege zum Glück

... durch die Macht der Gedanken. Autor: Peters, Emil. „Lass nur solche Gedanken in dich einströmen, die dein Leben und dein Wesen edler, reicher und schöner machen!" Dies ist einer der Merksätze, ...

Wege zur Physikalischen Erkenntnis

Meine wissenschaftliche Selbstbiographie, Reden und Vorträge Max Planck , Klaus-Dieter Sedlacek (Hrsg.) Diese erweiterte Neuauflage des Buchs „Wege zur physikalischen Erkenntnis" enthält neben der wissenschaftlichen Selbstbiographie folgende Vorträge: Die Einheit des physikalischen ...

Wie der Zufall zu Entdeckungen führt

Das Gesetz im Zufall. Autor: Cantor, Moritz. Zufall wurde es Jahrhunderte lang genannt, wenn der Wind von Süd nach Südwest, von Nord nach Nordost umzuschlagen pflegte und nicht etwa die entgegengesetzte Veränderung ...

Wie die Alchemie zur Chemie wurde

Geschichte der Chemie. Autor: Ostwald, Wilhelm. Einführend berichtet Justus Liebig, wie die voller Geheimnisse steckende Alchemie die Grundlagen der heutigen Chemie geschaffen hat. Der visionäre Nobelpreisträger Wilhelm Ostwald, der den Übergang zur ...

Wie Ehrgeiz zum Erfolg führt

und zu einem höheren Ziel im Leben. Autor: Marden, Orison Swett. Was immer uns im Leben begegnet, erschaffen wir zuerst in unserer Mentalität. So wie das Gebäude in all seinen Details im ...

Wie intelligent sind Pflanzen?

Sensationelle Einblicke in die geheime Seite des pflanzlichen Wesens Autoren: Wagner, Adolf; Sedlacek, Klaus-Dieter In diesem Buch behandeln die Autoren Fragen zum Thema Intelligenz und Bewusstsein bei Pflanzen und geben Antworten. Der ...

Wie man seinen 24Std-Tag organisiert

und mehr Zeit gewinnt für das wirkliche Leben. Autor: Bennett, Arnold. Nach Ansicht des Autors Arnold Bennnett besteht das Leben der meisten Angestellten darin, nur für ihren Lebensunterhalt zu arbeiten, aber er ...

Wie man seinen Verstand benutzt

Und seine Willenskraft stärkt. Ein praktisches Handbuch der Psychologie. Autor: Atkinson, Wilhelm Walker. Der Mechanismus der psychischen Zustände – die geistige Maschinerie, mit deren Hilfe wir fühlen, denken und wollen – ...

Wissenschaftliche Parapsychologie

Autor: Driesch, Hans. Mit den »mystischen«, »irrationalen« Neigungen hat die Parapsychologie gar nichts zu tun. Sie ist Wissenschaft, ganz ebenso, wie Chemie und Geologie Wissenschaften sind. Unmittelbar »schauen« tut sie gar ...

Zahlentheorie

Autor: Hensel, Kurt. Als die Aufgabe der elementaren Zahlentheorie kann die Aufsuchung der Beziehungen bezeichnet werden, welche zwischen allen rationalen ganzen oder gebrochenen Zahlen m einerseits und einer beliebig angenommenen festen ...

Zeichnen für Einsteiger

Achtzehn Lektionen in naturalistischem Zeichnen. Autor: Furniss, Dorothy. Magst du die Malerei? Ist Zeichnen für dich interessant? Hast du einen Bleistift, eine Schachtel Kreide oder einen Malkasten? Denn wenn du auch nur ...

Zeit und Willensfreiheit

Die unmittelbaren Gegebenheiten des Bewusstseins. Autor: Bergson, Henri. Zeit und Willensfreiheit: Ein Essay über die unmittelbaren Gegebenheiten des Bewusstseins (französisch: Essai sur les données immédiates de la conscience) ist Henri Bergsons Doktorarbeit, ...

https://Leseproben.net oder https://ToppBook.de